美麗是一種天然，
美麗是一種天賦，
美麗潛藏在妳的靈魂深處，
妳需要的只是一把啟動它的鑰匙。

～ by 陳麗卿

致 蛻變美麗的妳～

親愛的姊妹們，
謝謝妳們，讓我看到了美麗的「形體」，
從妳的內涵、妳的思想、到妳的靈魂細胞，
是女人的真知聰慧與學習熱忱，促成這本書的誕生！

美麗，是妳今天叫喚自己的名字；
魅力，是妳今天刻畫別人心中深層的印記。
祝福妳，讓美覺醒，從此綻放最美好的生命，
日日分享，月月咀嚼，年年品味。

女人
妳的名字叫美麗
衣Q寶典

陳麗卿◎著

美麗，是妳今天喚自己的名字

我喜歡照相，享受照相時捕捉剎那永恆的過程。因為從小接觸美學訓練加上與生俱來的些許天份，我常能拍出讓人眼睛為之一亮的照片，可是當我跟日本導演朋友分享我的得意攝影作品時，他告訴我：「想拍出好照片，要先學習攝影技術。唯有讓攝影技術成為一種反射的、直覺的狀態，才能在『身心意』相通的狀態下，讓流暢的動作與心靈，聯袂無拘地將美自由展現出來。否則再怎麼有天份的人，拍出美好的照片也只是『偶然』。」他進一步解說：「為了讓美學創作的素質高且穩定，學習美學之前一定要先學習科學。有了科學理論與步驟，美學創作的素質才會穩定，進而展現美的哲學內涵、發揮生命觸動力。」

從事形象教育已17年的現在，我依然常常想起這位朋友「科學→美學→哲學→生命」的理論。的確，攝影大師之所以能拍攝出美麗的作品，就在於他能將腦海中的影像、心中的感動，經由科學的「攝影技術」轉變成美麗的具體實像，並產生與被攝影者／欣賞照片者之間靈犀相通的感動。而要到達這個境界，大師必經歷紮實的攝影基本功訓練並駕馭他的器材，才能在關鍵時刻隨心所欲的拍攝出他的想法。倘若攝影師沒有經歷紮實的攝影技術訓練，即使有再好的美學素養或天份，其作品充其量也只是「偶然」的成功，而非「必然」的成功。

穿著，也正是如此！穿衣，也有技術！好的「穿衣技術」不但能雕塑一個人形體曲線的美好、展現個人獨特的風格，也能如實翻譯我們的內在心靈、內涵、個性與感受。大部份女人在尚未歷經「穿衣技術」的學習之前，很難透過衣服來呈現迷人的外在與美好的內在，並常產生內在優於外在的現象；也因為不明白「穿衣技術」的科學，長期下來，只要發生怎麼穿都不好看的狀態，就會歸咎是自己不好看或者是衣服不夠好。

17年來，我不斷研究、思索：如何讓「科學→美學→哲學→生命」的理論成為一套有效的穿衣學習方式，讓每個人經由科學化、系統化、工具化、個人化的教育過程，找到「專屬於自己的美麗」。而這個方法就是學院的「PI」教學系統。

「PI」教學系統，全名為「Perfect Image」教學系統，是【Perfect Image陳麗卿形象管理學院】所研發出的教育系統。它讓每個經歷此系統學習的人，都能在穿衣打扮上獲得「理性分析、感性穿衣」的技術，並進一步將自己內在與外在整併合一，全然表達自己真正的美麗；此系統已透過演講、課程、書籍、廣播改變百萬人的形象觀念，並且由顧問團隊親自幫助數萬人次找到個人專屬的美麗與魅力。它簡單易學，並且證明：妳其實只需要做一點小小的改變，生命就會有大大的變化。就像我的一位醫生學員在上完課程之後告訴我：「當外表問題解決了，其它的問題也同時被醫治好了。」想一想：當每天早上打開衣櫥，

挑選衣服的那一刻起，妳就證明自己美麗的「能力」；當照鏡子看到自己今天的樣子時，妳找到對自己的「肯定」；當走出家門面對今日的場合與人群時，妳充滿了「自信」；當充滿自信，妳的能力得以展現、天賦得以發揮，這不是一件相當美好的事嗎？

這本書我要跟妳分享的，是「PI」教學系統中屬於「衣著管理」的根基課程---【衣Q寶典】的精華：展現魅力四步曲---找對妳的色彩、穿出窈窕身材、建立個人風格、搭配品味秘訣。許多上過【衣Q寶典】課程的學員稱它為「每人一生必上一次的課程」，因為只要掌握【衣Q寶典】課程的魅力四步曲，妳就像握著一根美麗的魔杖，擁有隨時讓自己美麗的能力！

是的，每個人都有自己獨特的美麗，只是在過去妳忽略它、隱藏它、甚至傷害它；或者妳只是不知道如何將它翻譯出來。現在，我將一步步帶領妳發掘自己的美，愛上自己的美，讓妳轉化內在的美成為外在的經典。

親愛的朋友們，加油吧！妳可以！因為：「美麗」，是妳今天喚自己的名字。

CONTENTS

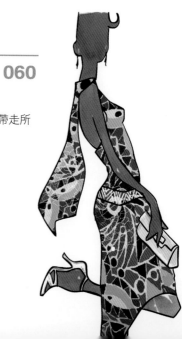

Chapter 1

女人就是愛美麗
10個美麗態度讓妳一生幸福

美麗是一種內在的感覺，

並且反應在妳的眼神中，而非單純外在的感受。

～by義大利巨星 蘇菲亞·羅蘭（Sophia Loren）

不要不承認，其實妳是愛美的！

愛美非原罪，懂得美麗的女人更懂得享受幸福、並將幸福帶給他人。

追求美麗讓女人更幸福

在妳心中有一把量尺，量出妳認為什麼樣的女人最美？

有容貌姣好的女人！身材火辣的女人！豐腴華美的女人！輕瘦如燕的女人！……對於這些美麗的女人妳有什麼感覺？是羨慕、嫉妒、吃醋、自卑？還是欣賞與祝福？其實，美麗和幸福一樣，已然存在妳身上，在於妳有沒有辦法看到它、感受它、欣賞它、抓住它。自從盤古開天以來，沒有任何兩朵雪花是相同的、也沒有任何兩片葉子一模一樣，人的面貌、人的美麗也是如此！當妳能夠認出身上的獨特與美麗、就能享受它、感激它，並進一步蛻變出更好、更美的自己。

美麗是如此垂手可得，可惜卻常在生命中的某一個時段掉落了：小時候長輩諄諄教誨：只要把書唸好就好，外表一點都不重要；青春期開始愛美，卻只能低調的偷學化妝，不敢讓人知道自己愛美。工作後，常常忙到天昏地暗而無法花精神經營美麗；結婚以後成為專職的家庭主婦，或是職場家務兩頭燒的職業婦女，為求行動方便更是把美麗丟掉；有了孩子，則是把所有的心力專注在孩子的養育與家庭的經營，忘了自己需要美麗。等好不容易孩子大了自己也退休了，女人卻在最後選擇讓自己在美麗的道路上跟著退場……。

親愛的姊妹們，請不要讓外在的理由吞蝕掉內在的聲音，美麗從我們出生的剎那，就該成為永遠的進行式。而身為女人的我們都心知肚明：女人只要變美麗，就能輕易地說服自己，取悅自己；幸福，往往就在這一刻開始伴隨著妳直至方休。

現在就讓我們一起來探索美麗、成為美麗，認出它，肯定它，並決定：我就是美麗！

10個「PI態度」奠定美麗的基礎

追求美麗是女人的天性，可是我發現女人要美麗，需要先拔除掉遺留在思想裏「美麗=膚淺，愛自己=罪惡」的潛意識，重新建立起正確的美麗態度，才有可能開始這一段美麗的旅程。這一段美麗的旅程常讓學員們震撼！驚訝！喜悅！感動！因為其過程就像是在讀一本被遺忘的書，而這本書其實是關於妳自己；妳會讀一段，內化，感覺一下，然後又產生新想法；即使當中偶有質疑或挫折，卻不斷產生讓妳改變的動力。

學院的10個「PI態度」，也就是美麗態度，讓每個女人啟發自己的美，看到自己的美，繼而成為一生的美。現在，大家不妨也跟著這10個「PI態度」一一和自己做深入的對話，享受這段過程：

看到自己的美好

過去我們所受的教育都是在訓練自己更完美，看哪裡需要修正，哪裡需要捨棄改進，以致於每個人也成為要求別人完美、自己完美的專家。可是一個人要幸福美麗，就該培養另外一種能力：看優點！看到自己的好，專注自己的好，並且透過學習，讓這股優勢被發揚出來，就能產生自己喜歡、也被人喜歡的魅力。

就像學院的Slogan：「美麗是一種天然，是一種天賦，美麗潛藏在妳的靈魂深處，妳需要的只是一把啟動它的鑰匙。」美麗的答案已然在自己身上。尋找美麗不是向外看；向外看，只會看到別人的看法，只會看到比較。太在意別人怎

麼說、怎麼看，妳的美麗就成了符合別人標準的美，而不是自己所期待的美；
當美麗成為比較，就會無所適從而失去自己。唯有向內看、向
內找，真心找到妳自己，美麗就在不遠處。

為現在的妳而穿

女人千萬不要等，等妳變瘦了、等妳有錢了、等妳參加
宴會了、等妳升官換工作了……，過度的等待讓妳的
美麗被等掉了。

每一個時刻的妳都是最棒的，所以妳的每一件
衣服都要光耀現在的妳，都要跟現在的妳做最緊
密的連結。千萬不要告訴自己：等我變瘦了之後
再買衣服，那無疑是暗示自己：現在的妳比較不值
得。其實，只要現在的妳漂亮，未來只會更漂亮！

人生，真的只有「此刻」，就讓此刻最漂亮吧！

不要沈緬過去，衣服有賞味期

衣服其實有「賞味期限」。當原本伴隨妳的
衣服變得不適合妳時，請讓這批使用期限
已經到期的衣服功成身退吧！不要執迷於
過往的衣物，想想：流行就是不斷的向
前走，即使流行「復古風」，也只是截

取復古的元素加創新的詮釋，跟妳10年、20年前的衣服完全不一樣；所以不要保留古時候的衣服，不管是衣服、髮型、化妝的方法，如果妳停留在原地，妳會看起來像是古板的人、沒有進步的人，甚至是凍結在某時代的人瑞！

因此，我從不贊成一次購買太多衣服，因為一旦女人啟動成長機制，妳會變得很快，妳的表情、眼神、魅力，都會因為心靈心智改變而全然改變。妳能做的只是為當下而買，並且趁著衣服新鮮時趕快穿；如果妳才剛買新衣，那麼這星期就天天穿新衣，不要等待、不要庫存！而這些買進來的新衣服，因為妳一直穿一直穿，它的 CP（Cost Performance）值就增加了。到了明年此時，衣服使用的壽命也差不多時，妳再買適合明年此時的衣服，如此不但有常常穿新衣的感覺，更有機會創造一個斬新的自己。

衣櫥就是妳

女人在潛意識裡總覺得別人比較重要。瞧瞧女人可以為家庭的裝潢買10萬元的沙發、電視，在客廳裝飾水晶燈，就是為了要讓別人看得到、享受得到！但是衣櫥呢？一盞昏暗的燈光、堆滿雜物和灰塵的擁擠空間。

倘若客廳代表的是別人，那麼衣櫥象徵的就是自己；永遠以別人為尊，自己卻是微乎其微。事實上，衣櫥是女人最親密的連結，它是女人的聖堂，是妳和自己最無私最開誠布公的溝通；只要打開衣櫥，它就能說出妳是個什麼樣的人？妳對待自己的方式是什麼？妳是亂的、靜的？妳愛自己嗎？

如同我們拜佛時，佛堂一定很乾淨，所有的物品一定擺放得井然有序，讓妳在靜坐時、跟佛祖對話時，保持心靈平和純淨上達天聽。衣櫥也應如此，它是妳最聖潔的殿堂，應該很乾淨，只裝妳真心喜愛的衣物，並且提供妳一個靜心和

自己對話的空間，妳可以很安心的和妳的衣櫥相處一下午，讓它看到妳從脂粉未施到容光煥發。

忘記外表全力以赴

學院最受歡迎的課程【衣Q寶典】，是一門找到自己終身穿衣哲學的課程，每次在課程結束前，我都會提醒學員：只要出了家門，就得忘記自己的外表！

忘記外表，妳才會全力以赴。若是妳時刻記掛衣服，妳會不斷想去照鏡子，想去調整，妳會擔心內衣肩帶露出來了？頭髮亂了？彩妝糊了？如此，妳根本無法專心於當下，擔憂的心甚至讓妳看來沒有自信。

事實上，為了忘記衣服，妳的外表在還沒有出門前就要準備周全：這件衣服是否讓妳充滿魅力？款式是否展露身材優點？是否舒服到讓妳完全忘了它的存在？符合今天的場合嗎？

只有讓妳自己完全準備好了，才能忘情表現、盡顯魅力。

永遠記得自己是個女人

人生是妳的舞台，更是妳的美麗伸展台，盡情展現吧！只有當女人，才能在伸展台上盡情展現女人的姿態，所以，請記得自己是個女人，不要只拼命扮演好媽媽、好太太、好朋友的角色，而忘了自己是個女人的這個天職與天賦。

一旦女人不再注意自己的外表，就是退場的時候到了，再怎麼樣都別讓這個時刻來臨。想想：當妳失去身為女人的本質，也就失去了女人方能體會的幸福感。我的學員中不乏許多女強人，當她們分享自己上課後的感想時，絕大部份的人都說：「我把女人的感覺找回來了。」

當妳找回做女人的感覺，就會無處不美；不管在工作或家庭，都能享受美麗與幸福感。

穿性感內衣吧

姊妹們：換上一件很棒、很性感的內衣吧！不要認為別人看不到，重要的是：妳自己知道！

就如女人穿上性感高跟鞋走路就會窈窕婀娜，穿上很棒的性感內衣時，女人的性感感知就會滲透細胞、侵入骨髓，眼神、肢體、動作、態度也會隨之性感起來。即便穿的是平凡牛仔褲，一旦妳覺得自己是性感的，妳所散發出來的氣息就是性感的；反之，即使穿上全新的漂亮洋裝，當內衣變形時，妳就是無法抬頭挺胸充滿自信。

這就是「女人無法欺騙自己」的真理，女人的性感源於她知道自己性感、感覺自己性感；當女人的內心充滿性感的感性，她的外在就會無比美麗，無比動人。

別把身體當垃圾收集站

妳的身體只有一個，妳真的穿不了那麼多；就像我們只有一個胃，真的吃不了太多。如果人活到80歲，算一算也只有29200個日子而已；生命如此短暫，為什麼還要虐待自己的身體，逼迫接受所有的東西呢？正因為我們只有一個身體，所以更要好好傾聽自己、珍惜自己，不要將身體（或心靈）當垃圾的收集站；從今而後，請務必穿妳所愛、愛妳所穿，而不是穿還可以穿的、不穿可惜的衣服。

能夠珍愛自己的人，生活絕對比別人精彩百倍。

妳值得最好的

買妳能買得起的最好、讓妳最美的服飾，不要害怕別人說妳浪費！什麼叫做浪費？是相同的價錢買十件衣服可是卻不常穿，或者是只買一件妳好喜歡的衣服，並因為常穿它而成為本年度最物超所值的單品？

這讓我想到法國女人和中國女人的不同：法國女人在20幾歲的時候，會因為喜歡一件貂皮大衣而貸款買它，也因為太愛這件貂皮大衣，所以天天穿它；而中國女人卻會等到50歲身份地位財富足夠了，才購買貂皮大衣，但是要等到重要場合才穿它。這跟在中國家庭裏，總是會備存一套名貴的餐盤碗碟，但是只在重要客人到家拜訪時，才拿出來使用一樣。

買來的東西若一直保留卻從來不用，我想它們也會哭泣的。在一次演講場合中，一位男士分享：他太太珍藏許多名貴限量的包包，每到了晚上，他太太就會打開衣櫥，將這些包包拿出來，溫柔的撫摸它們，然後再放回去關起來。他百思不解：為何他的太太這麼喜歡這些包包，卻從來不用？

真正的惜物，是買的少、買的精，因為珍愛它們，所以總是一直使用它們，讓它們為妳帶來很棒的感覺，當然它們的感覺也會棒極了！做個懂得「價值」的女人遠比只懂得「價錢」的女人好，穿上一件妳所珍愛的衣服為妳帶來的價值，是任何價錢都無法比擬的；因為妳找到了使用這件物品的價值，妳就更懂得讓它的價值發揮到極大，也讓自我的價值達到最頂點。

全然的愛自己

最後我想跟大家談談「愛」。什麼是「健康的愛」？健康的愛不是只想到別人，忽略自己；而是給自己全然的愛---包括真心喜歡自己、滋養自己、專注在自己的成長，之後才有能量愛別人。因為妳給自己的愛已滿溢，所以當妳給別人愛的時候，不會期盼回報，反而會因為對方接受你的愛而欣喜感激，因為妳內心有很多的愛，這些愛都是多出來的。

反之，當我們心中的愛沒有盈滿、甚至短缺的時候，只要付出愛，就會有「以愛去要愛」的企圖或潛意識，讓彼此傷痕累累；更何況如果連妳自己都不愛自

己、或自己都不喜歡自己，世界上還有誰會愛妳、會喜歡妳呢？所以姊妹們，一定要珍愛妳自己，並且讓自己成為「連妳都喜歡的那一個人」，這時候真命天子就會出現，並且將妳視為珍寶來疼惜。

事實上，從一個女人的外表就能看出她對自己的愛有多少？因為當一個人真的很愛自己時，她會非常珍惜自己的身體。在穿著上，她會買她會穿的、穿起來舒適好看、並且覺得快樂的衣服，而不是打折沒買可惜的衣服；她會因為穿上她所愛的，整個人快樂無比，並且將這份愛渲染出去給周遭的人，讓大家感受到她的喜悅她的愛。她會珍惜衣服為自己所產生的價值，而不是那件物品的價錢。她會明白：當她真的很愛自己，她的美麗油然而生。

Perfect Image Q & A

Q：「PI」教學系統是什麼？

A：「PI」教學系統是【Perfect Image陳麗卿形象管理學院】研發的形象教學系統。所謂PI，就是Perfect Image，也就是每個人所專屬、獨有的形象識別標誌。它是一個讓妳找到妳自己的形象學習系統：找到專屬妳的美麗，專屬妳的說話方式，專屬於妳的氣質、笑容、走姿……等，讓妳能開心地展現真正的自己，並且讓每個人對妳留下深刻的印象。就像妳會將頭銜、名字、公司名稱、地址、電話、e-mail印在一張名片一樣，「PI」正是妳個人形象的名片，無人可以模仿的專屬名片。

Beauty Mission

成為「投資美麗」的高手

我的好朋友---夏韻芬小姐是位理財投資專家,有一次我跟她提到:「每個女人都要成為投資美麗的高手」,她很好奇地問我:「美麗要如何投資?」我說:「就像買基金是投資自己的財富,買衣服就是投資自己的美麗、成功與幸福。」她繼續問:「那要怎麼知道自己的美麗投資報酬率有多少?」我回答:「從衣櫥就可以算得出來了。」

步驟1. 計算妳衣櫥裡的總財產

我有一位擔任中階主管的學員,提供她20年來平均一季的衣服投資內容,讓我們一起來計算:

套裝（2套）× $6,000 = $12,000   鞋子（2雙）× $3,000 = $ 6,000

上衣（2件）× $3,500 = $ 7,000   包包（1個）× $8,000 = $ 8,000

下身（2件）× $3,500 = $ 7,000   首飾（2件）× $5,000 = $10,000

共計:一季 $50,000 → 一年 $200,000 → 20年 $4,000,000

20年來,她光在衣服的投資總數為400萬!

這些還不包含化妝品、配件、貼身衣物……等,難怪算出來的結果連韻芬也嘆為觀止,她認為衣櫥真的是一不小心就會失敗的投資。也許妳計算的總額沒有400萬那麼多,不過打個5折,20年花200萬也是少不了的。現在,妳也可以開始計算妳的衣櫥總財產。

步驟2. 計算妳常穿的衣服佔衣櫥的比例

接著我想請妳算算看:擁有這麼多的衣服,妳常穿的比例佔總數的多少?一般人的平均答案是:20%。如果從一個女人20年中所花的治裝費是400萬的數據來看,真正有在穿的衣服所佔的金額只有80萬,代表其餘的320萬是浪費掉了……

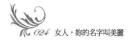

步驟**3.** 檢測妳的「投資美麗IQ」

聰明的女人在意衣服的CP值（Cost Performance=每穿一次的成本）多於衣服的價格，CP值越高投資報酬率越好，也越代表妳的「投資美麗IQ」高。

妳衣櫥的投資報酬率如何？接下來我還要請妳完成以下有趣的測驗，檢測自己的「投資美麗IQ」到底有高？

投資美麗IQ檢測

請根據妳目前的生活型態，將妳的衣櫥、衣服、配件依照以下項目給分，最高5分、最低1分（其中「衣服花費」這個項目相反，最高1分最低5分），總分25分。然後將所有項目加總除以25，就能計算出妳的「投資美麗IQ」為多少。分數越高代表「投資美麗IQ」越高，例如：

妳的黑色套裝在所有項目的加總為20分，因此20÷25＝80％，代表黑色套裝的「投資美麗IQ」為80％，是非常聰明的投資；而妳的黃花襯衫的加總分數為11分，因此11÷25＝44％，代表這件黃花襯衫的「投資美麗IQ」只有44％，是一項低效率的投資。

項目 類別	搭配 輕鬆	常穿 比例	專業 程度	品味/ 漂亮	衣服 花費	加總	美麗 IQ
範一：總衣櫥	2	2	3	2	4	13	52%
範二：黑色套裝	5	4	5	3	3	20	80%
範三：黃花襯衫	1	2	1	5	2	11	44%

Chapter 2

找到妳的魅力色彩
讓妳隨時都出色

一定要相信自己，如果妳都不相信自己，誰還會相信妳？
～by性感女神 瑪麗蓮‧夢露（Marilyn Monroe）

現在，就請相信自己，妳真的會遇見更美麗的自己！

多彩女人的「皮膚色彩學」

每個女人都想當個多彩的女人,想要穿上這個世界上最美麗的顏色;不過,妳有過以下的經驗嗎?

當妳打開衣櫥,裡面有紅、橙、黃、綠、藍、靛、紫,各式顏色的衣服,看起來繽紛豐富。第一秒鐘,妳很自豪並滿足妳擁有這麼多的資產;但五秒鐘過後,豐富的資產成為甜蜜的負擔,妳開始進入了每一天都要出現的自我對話:今天要穿那一個顏色?到底穿什麼顏色才好看?……

於是妳開始用「想像力」穿衣服,卻發現:有時候穿了一件「嫩粉紅」的上衣讓妳整個人亮起來了,但是,換上「嫩黃綠」上衣卻讓妳看起來暗沉疲累,到底是怎麼回事?這兩個顏色不都是「嫩色」嗎?為甚麼相同是「嫩色」卻無法帶出相同的輕盈效果?……於是妳開始「想像」是因為款式的關係、長度的關係、布料的關係、印花的關係……,日復一日,成為永不磨滅的惡夢。

我在美國修習織品服裝系的碩士學位時,恰巧有機會接觸到色彩學以及關於「皮膚色彩屬性」的領域,才知道:原來,每個人都擁有一個與生俱來的「皮膚色彩屬性」。不同「皮膚色彩屬性」的人,所適合的衣著顏色也不相同。當一個人穿對適合自己「皮膚色彩屬性」的顏色時,即使是素顏,也

會看起來精神飽滿、亮眼出眾，像是沐浴在燦爛的陽光下，散發光采；可是一旦穿錯顏色，就會看起來臉色黯淡、無精打采，像是罩了一層烏雲，顯得沉重灰暗。

所謂的「皮膚色彩屬性」，乃由體內的三個色素：黑色素（Melanin）、血紅素（Hemoglobin）和紅色素（Carotene）以各種不同的比例組合後得出的結果；然色素的比例組合是由妳的基因所決定，所以「皮膚色彩屬性」在正常情況下會維持原貌；除非因為夏天過度曝曬變得黝黑、經過微整型的美膚美白過度處理、或生病與生理變化造成膚色改變等因素，才會產生天生「皮膚色彩屬性」的失衡。不過這些「皮膚色彩屬性」的暫時失衡，只要有機會經過一段時間的正常生活或健康回復，仍會平衡回原來的色素比例與「皮膚色彩屬性」。

至於「皮膚色彩屬性」的分類，最廣為大眾所知曉、運用的分法是分成「春、夏、秋、冬」四季屬性。「春、夏、秋、冬」四季屬性，最初源自於德國藝術家依甸（Johannes Itten）的色彩理論，經過後代許多色彩學家研發之後，廣為應用在服飾、化妝、室內設計甚至心理學等領域而著名；後來由歐美色彩分析專家廣泛運用在人類的「皮膚色彩屬性」上。

在「春、夏、秋、冬」四種皮膚色彩屬性中，「春、秋」屬性為暖色系，「夏、冬」屬性為冷色系。所謂暖色系，是指色彩的底色調帶黃，例如紅色加了黃色則為橙色，也就是紅色的暖色系；綠色加了黃色為黃綠色，也就是綠色的暖色系。至於冷色系，則是色彩的底色調帶藍，例如紅色加了藍色為紫色，也就是紅色的冷色系；綠色加了藍色為藍綠色，也就是綠色的冷色系。

判別法1：膚色比較法

我在美國唸研究所時，擔任色彩分析課程
的助教，當時身為唯一東方人的我，帶領
著美國人，利用非常多的色布進行「皮
膚色彩屬性」的測色，基本上，同學們
測色的速度非常快、也準確；而大家測
色的依據都是教授給的測色法則：從膚
色、髮色、眼珠顏色做綜合判斷，因此
很快就能掌握對方的「皮膚色彩屬性」。

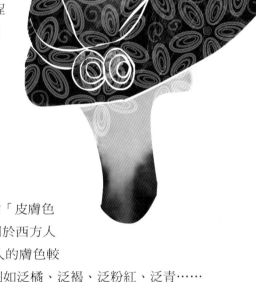

不過，當我帶著歐美色彩分析師所定義的「皮膚色
彩屬性」測色方法回台灣時，卻發現適用於西方人
的測色方法並不適合東方人。原來西方人的膚色較
透明，也比較能透出皮膚內層的底色，例如泛橘、泛褐、泛粉紅、泛青⋯⋯
等，加上西方人頭髮的顏色多元，如金黃色、褐色、褐紅、深咖啡、銀灰⋯⋯
等，眼珠更是有藍色、碧綠、橄欖、淡咖啡、深咖啡⋯⋯等，可以做為「皮膚
色彩屬性」的輔助判斷。

反觀東方人的皮膚所透出來的底色比較不明顯，沒有受過訓練的人只能看出比
較白、比較黑、比較黃，或比較紅潤、比較無血色；至於頭髮和眼珠的顏色也
多半為中深咖啡色、深咖啡色、到黑色而已，如果一昧使用歐美色彩分析的方
法與邏輯，對於東方人「皮膚色彩屬性」的測色將會失準。所以經過研究、實
驗、修正、調整，我為東方人歸結出一套「膚色比較法」，幫助大家辨識出東
方人的「皮膚色彩屬性」。

「膚色比較法」是根據一個人皮膚底層所透出來的皮膚色調，來判斷一個人的「皮膚色彩屬性」的測色法。

現在，請妳找一些朋友，或者全家人一起伸出手背擺放在一起，比較一下彼此手背的膚色是否相同？原來以為大家的膚色都相同的妳，此時在經過仔細比較後就會發現：有人皮膚偏粉紅的、有人偏青、有人偏褐……；藉由這些細微的差別，我歸納出以下專屬於東方人「皮膚色彩屬性」測色的「膚色比較法」，大家不妨依此原則找出自己的「皮膚色彩屬性」。（比對時務必先卸妝）

· **春季皮膚色彩屬性**

　　膚色：偏粉紅的象牙白、杏桃紅、杏黃、金褐、淺橘

· **夏季皮膚色彩屬性**

　　膚色：粉紅、灰褐、粉褐、青褐、暗紅、豬肝紅

· **秋季皮膚色彩屬性**

　　膚色：象牙白、杏桃紅、杏黃、蜜糖、暗褐、金黃、橘

· **冬季皮膚色彩屬性**

　　膚色：青白、青白微粉、青褐、青黃、青橄欖

現在，妳知道自己的「皮膚色彩屬性」了嗎？有些人的皮膚色調顯著，有些人則看起來模稜兩可不太肯定。如果妳對自己的皮膚色調不太肯定，請妳繼續用下頁的「色彩比較法」找出或確認妳的「皮膚色彩屬性」。

判別法2：色彩比較法

「色彩比較法」是透過不同的色彩群在妳臉上所產生的「輝映效果」，來比較哪一群色彩讓妳看起來最好看，進而找出妳的「皮膚色彩屬性」。請依照以下四組色彩群做比較：想想在過去的穿着經驗中，哪一組色彩群穿起來最好看？

春季色彩群

| 清新的黃綠 | 杏色 | 淡金色 | 淺棕 | 粉藍 |

夏季色彩群

| 粉藍綠 | 粉紅 | 銀灰 | 粉紫 | 灰藍 |

秋季色彩群

| 橄欖綠 | 橙色 | 金色 | 褐色 | 磚紅色 |

冬季色彩群

| 正綠 | 桃紅 | 銀灰 | 純黑 | 正藍 |

妳比較出來了嗎？

若明顯地只有一組色彩群讓妳特別好看

妳可能就是屬於這個「皮膚色彩屬性」！

若其中有兩組色彩群差不多

那麼我們要進一步做嚴謹的比對：請先卸妝，同時卸下耳環、項鍊、眼鏡與髮飾；若染了頭髮，請將頭髮向後乾淨紮起、不要有任何的劉海；然後找個自然光線充足、背景乾淨的房間，將左頁建議的顏色放在妳臉的下面，看看哪一個顏色使妳的臉較為亮麗出色：

- 若同樣是暖色系（春季與秋季）→進一步比較穿磚紅色好看、或是桃紅色好看？若是磚紅好看，那妳是秋季皮膚色彩屬性；若是桃紅出色，則是春季皮膚色彩屬性。

- 若同樣是冷色系（夏季與冬季）→請比較正藍色或灰藍色，何者讓妳較為出色？若是鮮豔的正藍，那妳是冬季皮膚色彩屬性；若是灰藍，則是夏季皮膚色彩屬性。

- 若是一冷一暖→看看妳穿粉藍綠或黃綠色好看？若粉藍綠好看，那可以將自己歸類為冷色系群（夏季或冬季）；反之，則是暖色系群（春季或秋季）。

若發現有三組、甚至四組色彩群穿起來都差不多

先不要高興得太早，因為答案絕對不是「妳穿什麼顏色都好看」（事實上我也還沒遇到過這一種人），而是妳對自己的「皮膚色彩屬性」混淆了，這時請專業色彩分析師幫忙是我最由衷的建議了。

Perfect Image Q & A

Q：如何知道穿某個顏色時「好看」？

A：所謂「好看」，是指當妳穿起這些顏色的時候，整個人顯得特別亮麗、精神奕奕，獲得週遭人的讚美。此時妳臉上的皮膚較為晶瑩剔透、膚色變均勻、雀斑黑斑變隱藏、黑眼圈變淡、臉上皺紋（包括魚尾紋、抬頭紋、法令紋等）變得不顯著、眼神變清澈明亮有韻、五官變立體。

相反的，當妳穿上不合適的顏色，臉上的皮膚立即變暗沉、變槁灰或變黃，妳的膚色不均勻、因淡暗對比顯著而顯得不乾淨明澈，妳的黑眼圈變明顯、範圍變大，雀斑黑斑更暗沉，魚尾紋、抬頭紋、法令紋變深而顯老，妳的五官平緩不立體，目光因呆板失韻或不清澈，而變得沒有「存在感」。此時常有朋友關心詢問妳是否太疲累、是否生病、是否沒睡好等等；至於平日，妳總是覺得自己沒有光亮、看起來氣韻僵硬，在眾人場合中，別人很容易看不到妳，或完全忽略妳。

以上是穿對顏色與穿錯顏色的常見效應，充滿直接的描述，卻很真實！

我發現不曾了解「皮膚色彩屬性」的人，不會意識到穿對色與穿錯色的不同，基本上，他們只是覺得怪怪的、暗暗的、老老的，卻因為不明白箇中原因，而繼續陷在不合適的顏色裏。可是一旦接受過專業的「皮膚色彩屬性」分析與教育，妳就能明確感知到自己的氣色，並持續讓適合自己「皮膚色彩屬性」的顏色襯托出自己最大的亮度！

Perfect Image Q & A

Q：什麼是「色彩分析師」？

A：「色彩分析師」是能幫助妳正確檢測出「皮膚色彩屬性」的專業人士。她們對於皮膚色彩的構成原理，與「皮膚色彩屬性」的判別鑑定，受過專業而嚴格的訓練。在PI學院的「個人形象管理顧問培訓班」課程中，有一部分是專為培養「色彩分析師」而設計；參加此課程的學員不乏是原本對色彩、對美學頗有基礎的人，但是有別於一般的藝術操作，「皮膚色彩屬性」無法靠著妳對一般色彩的敏感度高就能精準判斷出來。畢竟如前所述，西方人的「皮膚色彩屬性」鑑定容易，但是東方人的「皮膚色彩屬性」鑑定則牽涉到許多細微辨別，需要熟知特殊原理並經歷特殊的訓練技巧。（有趣的是，目前參加過我【個人形象管理顧問培訓班】的學生中，「皮膚色彩屬性」鑑定敏感度最高的是一位腸胃科醫師，我想這是因為她習慣「望診」觀病患臉色的緣故。）

也因為東方人的「皮膚色彩屬性」鑑定辨別微妙，絕大多數的學員要經由各式各樣的「皮膚色彩屬性」鑑定案例與學習矯正，才能成就專業的「色彩分析師」鑑定素質。往後也才能正確提供給被測試者關於「皮膚色彩屬性」的建議，包括：衣著、彩妝、髮色，甚至首飾、鞋子、包包等等。

Q：雙胞胎的「皮膚色彩屬性」是否會相同？

A：基本上，每個人的「皮膚色彩屬性」會因為天生的皮膚色素基因組合不同，而有所不同，雙胞胎當然也會有這樣的狀況，最好的方法還是要個別找出屬於自己的「皮膚色彩屬性」。更何況穿著本身，並不是兩個人長得相像，就可以穿同樣的衣服；必需考量的因素還包括：身材、氣質、職場工作等等，不可一概而論。

Q：我依照上述「膚色比較法」與「色彩比較法」為自己與朋友找出「皮膚色彩屬性」，但不是很有把握，怎麼辦？

A：若沒有把握，就找專業的「色彩分析師」吧！「皮膚色彩屬性」的鑑定準確性必需是「絕對」，而不是「可能、或許」；我常說：「錯誤的鑑定比未曾鑑定來得更糟。」就是這個道理。此外，鑑定時請從心（也重新）歸零，否則很容易因為個人對色彩的喜好、想像等原因，產生判斷的錯誤。

找對四季顏色，每天都出色

對於「皮膚色彩屬性」這件事，很多人抱著期盼但怯步的心情。期盼的是：終於找到屬於自己的「皮膚色彩屬性」，往後能精準無誤的選對顏色、穿出亮麗。怯步的是：擔憂找出「皮膚色彩屬性」反而會讓穿著的顏色被限制住了，因而裹足不前；也有些人更害怕萬一自己衣櫥裡的衣服顏色不合適自己，將如何面對？！

事實上，妳可以穿任何一種顏色的衣服！了解妳的「皮膚色彩屬性」只會讓顏色選擇更寬廣，妳將了解：原來妳可以穿盡紅橙黃綠藍靛紫，只要選對適合的紅橙黃綠藍靛紫。就如同我們要在一塊白色的畫布上畫圖，手上有著這麼多繽紛的顏料，光一個紅色，也分成正紅、暗紅、橘紅、磚紅、西瓜紅、桃紅……，哪一種「紅」才是最適合妳，就是妳要學習的功課。

以下幾頁是我為各位依照四季「皮膚色彩屬性」所整理出來的顏色區塊：

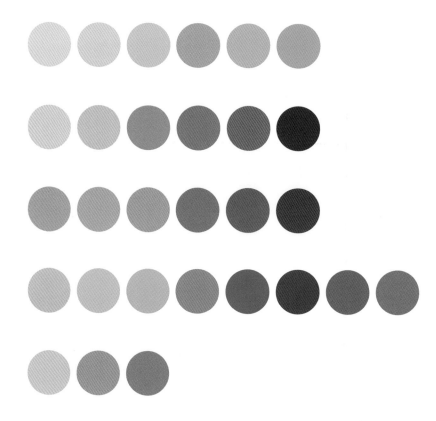

Spring Colors

春季皮膚色彩屬性的服飾色彩

紅： 清新乾淨的橘紅和正紅，但不可以是深的。

橘： 清新乾淨的橘色系，但不可以是深的。

黃： 清新乾淨的檸檬黃、以及柔和帶金黃色調的淡黃。

綠： 清新乾淨的黃綠色系，如剛發芽的嫩葉一般。

藍： 各種清新乾淨的藍、紫藍和土耳其玉藍，但不可以是深的。

紫： 清新乾淨的紫色，但不可以是深的。

粉紅： 清新乾淨的珊瑚、杏桃、鮭魚。

棕、褐： 金褐色與任何淺的棕褐色系，如淡棕、駱駝色、卡其色等。

海軍藍： 可以明顯看出藍調的海軍藍。

黑： 部份使用即可，如印花；或者是有發亮感覺的黑，如緞緞或
夾有亮蔥的黑。

灰： 淡灰色。

白： 自然白及不會很黃的象牙白。

金： 帶著明亮輕盈的金，像K金，而非純黃金。

銀： 明亮的銀，而非霧銀。

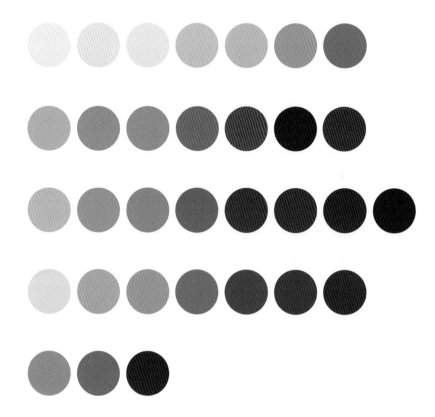

Summer Colors

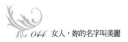

夏季皮膚色彩屬性的服飾色彩

紅：　清新的正紅如西瓜紅，或者是酒紅色。

橘：　接近膚色的粉橘色。

黃：　粉彩的檸檬黃。

綠：　藍綠色系，可以是深的、淡的、粉的、帶煙灰感的，
　　　但不可以是飽和的鮮豔藍綠色。

藍：　藍色系，可以是深的、淡的、粉的、帶煙灰感的，但
　　　不可以是飽和的鮮豔藍色。

紫：　紫色系，可以是深的、淡的、粉的、帶煙灰感的，但
　　　不可以是飽和的鮮豔紫色。

粉紅：　所有的粉紅色系。

棕、褐：　帶玫瑰、煙灰的棕褐色系，如可可色、灰褐色。

海軍藍：　所有的海軍藍，包括灰海軍藍。

黑：　帶有煙灰感黑色。

灰：　所有的灰色與藍灰色。

白：　自然白。

金：　玫瑰金。

銀：　所有的銀。

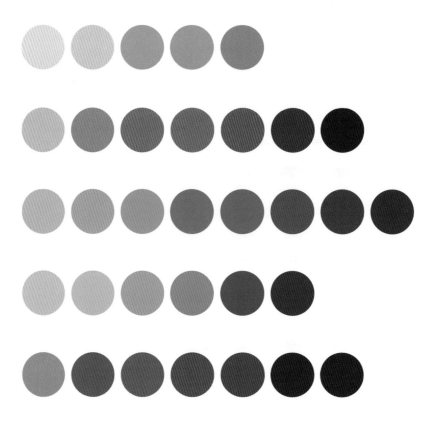

Autumn Colors

秋季皮膚色彩屬性的服飾色彩

紅： 橘紅、磚紅、咖啡紅。

橘： 所有的橘色系，深淺皆可。

黃： 所有帶金黃色調的黃色，深淺皆可。

綠： 濃郁的暖綠色，如黃綠色、橄欖綠、芥末綠、杉葉
綠等，深淺皆可。

藍： 濃郁的紫藍、土耳其玉藍、綠藍，深淺皆可。

紫： 濃郁的、偏黃的紫色系，深淺皆可。

粉紅： 任何帶有橘色暗示的粉紅，如珊瑚、杏桃、鮭魚色等。

棕、褐： 所有的棕褐色系，深淺皆可。

海軍藍： 明顯看出藍調的海軍藍，及帶綠藍色感覺的海軍藍。

黑： 帶有一點咖啡色或橄欖色暗示的鐵灰色。

灰： 帶有黃調的灰色，及帶有綠調的灰色，深淺皆可。

白： 自然白及任何帶有黃調的白，如象牙白、米
白色等（只要不是純白即可）。

金： 所有的金。

銀： 無。

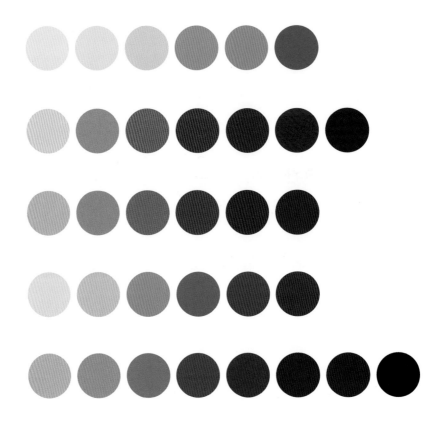

Winter Colors

冬季皮膚色彩屬性的服飾色彩

紅： 正紅、暗紅、酒紅。

橘： 無。

黃： 正黃、檸檬黃、冰黃。

綠： 正綠、任何鮮豔的藍綠、乾淨的粉藍綠、深綠、冰綠。

藍： 正藍、任何鮮豔的藍，如寶藍、鮮豔的土耳其玉藍；
乾淨的粉藍、水藍、天空藍、冰藍。

紫： 正紫、任何鮮豔的紫、冰紫。

粉紅： 任何桃紅、乾淨的粉紅、冰粉紅。

棕、褐： 黑褐色、灰卡其色。

海軍藍： 所有的海軍藍。

黑： 任何的黑色。

白： 純白、自然白（只要沒有黃調的白即可）。

金： 無。

銀： 所有的銀。

Perfect Image Q & A

Q：有沒有什麼方法能讓我更正確辨別我的「皮膚色彩屬性」顏色？

A：在學院的【衣Q寶典】課程裡有一堂「測色」單元，由專業的色彩分析師為每位學員準確鑑定「皮膚色彩屬性」。鑑定出「皮膚色彩屬性」之後，每位學員都會拿到一份專屬於自己的「色卡」，這些「色卡」有我為每個「皮膚色彩屬性」定義的顏色。「色卡」的設計體積小、易於方便攜帶，讓妳逛街採購時，有正確的依據：只要將色卡如扇子般打開，放在衣服上做比較，若衣服的顏色和色卡的顏色可以相融在一起，就表示這件衣服是適合妳「皮膚色彩屬性」的顏色。

Q：如果我衣櫥裡的衣服顏色都不是我的「皮膚色彩屬性」，該如何處理？

A：倘若妳原本衣服的顏色都不是妳「皮膚色彩屬性」的顏色，那麼請妳真實問自己：這些衣服是妳喜愛的嗎？是妳平日會穿的嗎？若不是妳喜愛的、也不是妳平日會穿的衣服，那麼理由已經很明顯了---這些衣服本來就不適合妳！此時請送人或捐出去，讓它們有更好的未來吧。若是妳喜愛的、並且平日也有在穿，那請更進一步分析它的款式與風格是否適合妳？若適合，那還是值得花心思透過「搭配」的方法讓這些衣服有第二春哦！

適合妳的首飾材質

適合妳「皮膚色彩屬性」的首飾材質，能為臉龐創造500燭光的驚人光采，讓妳成為大家注目的焦點。

・春季皮膚色彩屬性適合的首飾材質

K金、黃鑽、珊瑚、色澤溫潤的珍珠、色澤清澈的紅／黃／藍寶石、琥珀、翡翠、象牙。

・夏季皮膚色彩屬性適合的首飾材質

白金、銀、鑽石、水晶、粉紅色澤珍珠、白光珍珠、色澤清澈的紅／藍寶石、貓眼石、白珊瑚、白象牙、台灣玉。

・秋季皮膚色彩屬性適合的首飾材質

黃金、黃鑽、金黃珍珠、色澤溫潤的珍珠、黃寶石、顏色濃厚的珊瑚、白玉、古玉、琥珀、銅、木頭製品。

・冬季皮膚色彩屬性適合的首飾材質

白金、銀、鑽石、白光珍珠、黑珍珠、色澤深邃的紅／藍寶石、色澤偏冷綠的翡翠、祖母綠。

適合妳的粉底顏色

適合的粉底，可以呼應妳的本然膚色，讓氣色看起來自然溫潤，並且讓妳以最少量的彩妝，就能呈現出亮麗的光采；反之，不適合的粉底，會和原本的膚色相互牴觸，像是塗了一層漆在臉上似的：

春季粉底色彩：帶黃色調或粉紅色調的膚色系列，如象牙色、杏色、淺黃色。

夏季粉底色彩：帶粉紅色調的膚色系列，如粉玫瑰、淺茶色。

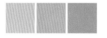

秋季粉底色彩：帶黃色調的膚色系列，如象牙色、杏色、淺黃色、古銅色。

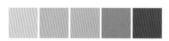

冬季粉底色彩：帶粉紅色調的膚色系列，如粉玫瑰、淺茶色。

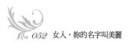

適合妳的腮紅顏色

腮紅是臉部肌膚紅潤、明亮美妍的重要關鍵，它跟粉底一樣，能自然襯托出皮膚最天然的原色，讓妳明亮動人：

春季腮紅色彩：帶黃色調的暖色系，如珊瑚色、清新的薑紅色。（如果妳的膚色白皙，也可以使用粉紅色腮紅。）

夏季腮紅色彩：偏粉紅色調的冷色系，如粉紅、酒紅、豆沙色。

秋季腮紅色彩：偏黃色調的暖色系，如珊瑚色、薑紅、磚紅、橘褐色、金棕色。

冬季腮紅色彩：偏粉紅色調的冷色系，如粉紅、酒紅。

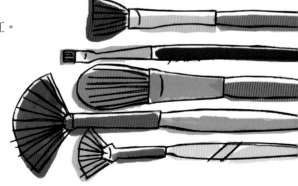

適合妳的眼影顏色

眼影是彩妝品裡顏色最豐富的一群，它可以讓妳的靈魂之窗散發閃耀迷人的光采，但是要選對適合的顏色才能提高雙眸豐沛的感情傳達：

春季眼影色彩：象牙、杏黃、淺褐、淡咖啡色，以及柔和清新的黃綠、藍、紫色。

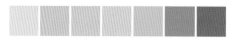

夏季眼影色彩：銀灰、鵝黃、粉紅、灰褐、薄荷、淡藍、淡紫。

秋季眼影色彩：象牙、杏黃、咖啡、古銅、金色、橄欖綠、金紫。

冬季眼影色彩：銀灰、銀黃、粉紅、桃紅、藍、綠、紫。

適合妳的唇彩顏色

口紅和唇蜜就像穿衣時配戴的首飾，不但完成整體造型，也為整體造型打光；而唇彩的顏色就是彩妝的「打光板」，能投射出最美麗的蘋果光，讓皮膚映出和煦紅潤的效果：

春季唇彩色彩：珊瑚色、清新的豆沙色、橘紅色、桃紅色、正紅色。

夏季唇彩色彩：粉紅、淺桃紅、豆沙色、紫芋、清新的正紅色。（如果妳的膚色較深或黑，桃紅色唇彩也很適合。）

秋季唇彩色彩：裸色、珊瑚色、橘紅、橘褐色、紅豆紅、磚紅、銅紅、褐色系。

冬季唇彩色彩：粉紅、桃紅、酒紅、櫻桃紅、黑莓紫、正紅。

Q：染髮的顏色也有「皮膚色彩屬性」嗎？

A：染髮當然需要考慮「皮膚色彩屬性」！頭髮因為將臉框了起來，因此髮色會直接影響到臉的整體光亮度。我常看到有人一夜之間變蒼老，細看之下，原來是昨夜染髮惹的禍；課堂上，也常有學員在第一天知道自己的髮色不對之後，一下課馬上去染對的髮色，第二天上課時，顯得明眸臉亮有別於昨日疲累不堪的狀態；所以真心建議妳染髮時依照自己的「皮膚色彩屬性」上色，才能呈現最自然美麗的「臉色」：

· **春季染髮色彩**：偏暖色調的棕褐色系，如深褐色、淺褐色、棕褐色、金褐色、栗色等，以及帶有褐調的銀白色。當然，也可以是黑色的髮色。

· **夏季染髮色彩**：黑色、極近黑的灰黑色、煙灰色、深咖啡色、銀白色等。若想要染成偏暖色調的棕褐色系，則要以挑染的方式來進行，才不會讓臉色顯髒或暗沉。

· **秋季染髮色彩**：所有偏暖色調的棕褐色系，如深褐色、淺褐色、金褐色、栗色等。還有橙黃色系、栗紅色、橄欖綠，以及帶有褐色調的銀白色等。純黑色的髮色比較無法和秋季屬性佳人的膚色相互「映色」。

· **冬季染髮色彩**：黑色、藍黑色、深茄紅、深咖啡色、藍紫色以及銀白色等染髮顏色最適合冬季屬性佳人。如同夏季屬性，若想要染成偏暖色調的棕褐色系，挑染即可，才不會讓臉色顯髒或暗沉。

Perfect Image Q & A

Q：知名品牌也有自己喜歡的「皮膚色彩屬性」嗎？

A：我在外交部為外交官夫人們做「穿著藝術」的講習會時，有位美麗的夫人問我：「陳老師，為何名牌專櫃總是只有兩、三種顏色？」我的答案是：「名牌之所以成為名牌，就是因為它的顏色少而單純，名牌總是能讓獨特的造型透過僅有的兩三種色，塑造出強烈的風格。而我們要穿出品味，最快、最容易的捷徑，就是顏色絕對不要穿得太雜。」而春夏秋冬四季屬性各自擁有強烈風格，不但讓妳出眾，更是幫助妳輕易建立品味的好方法。

Q：聽說「全身穿黑色」會讓人看起來比較瘦，是真的嗎？

A：很多人以為「全身穿黑色」就會顯瘦，其實這只適用於「黑色適合妳」的狀況。當黑色適合妳，妳的臉會變得很亮，因而衣服的顏色變得不顯著，所以別人只會看妳的臉，不會特別注意妳的身體，此時妳自然顯瘦、顯輕盈。但是當黑色不適合妳的時候，妳的臉色會變黯淡，因而相對的身體就顯得醒目、引人注意，總之，整個人變重、變沉。所以從色彩學來說，雖然黑色可以讓妳的身體寬度縮減一點點，但若不符合妳的「皮膚色彩屬性」，縱使身體瘦了，可是還是無法抵擋只注目身體的壓迫感。

Beauty Mission

讓「皮膚色彩屬性」帶妳逛街去！

讓「皮膚色彩屬性」作為選購衣物的嚮導，是逛街最有效率的方法，它會幫妳省掉許多瞎逛的時間。尤其是大百貨公司，那麼多的服飾簡直無從看起；若只看自己「皮膚色彩屬性」的色彩，會主動過濾掉大半的衣服，接著再從適合妳「皮膚色彩屬性」的衣服中挑選出適合妳身材、風格的服飾，如此逛街就能又快又有效率，更重要的是，能避免錯誤！

我的學員在逛街時都會帶著自己的專屬「色卡」，當她們進入一間精品店或百貨公司樓層時，會馬上走向自己的「速配色彩區」，並拿出「色卡」來比對，這樣就能在挑選衣服的過程中提升效率。有了「色卡」當參考，就不會讓美麗的燈光加上專櫃小姐的讚美夾攻下喪失原則，一再買回只穿過一兩次就再也不穿、甚至是買回來後就再也不碰的衣服了。

Chapter 3

穿出窈窕身材
當個有「媚惑力」的女人

成功是一種了不起的除臭劑。它能帶走所有妳過去的味道。
～by 一代巨星 伊麗莎白・泰勒（Elizabeth Taylor）

在與自己的美麗相遇之前，我們跌了很多跤；

沒關係，當找到方法成功以後，

妳就會忘了過去經歷的挫敗，只聞到成功的味道。

讓妳的美充滿「媚惑力」

學員Macy，身高大約168公分，86公斤，聲音很美又有才華，屬於豐腴美麗的體型；但她無法欣賞自己的豐腴，每天早上她總要面臨一天的第一大痛苦：穿衣服。她總是選擇寬大的黑色或暗色衣服，將自己密密麻麻的包裹起來，不想露出任何身體部位，並且最好是隱形人，不要引起任何的注意……。基本上，Macy下意識覺得自己不好看，也因為身材的關係，往往只能遷就衣服。

每天一早就要先面臨穿衣照鏡造成的心理挫折，初期以為沒關係，可是累積久了，就成為否定自己很大的殺傷力。之後Macy來學院上課，藉由課堂學習，她找回對自己的愛、並決定為自己做改變，於是在我去美國旅遊時，Macy委託我幫忙挑選一些適合她的服裝；因為在台灣她真的找不到任何一件適合她的、漂亮有型的衣服，讓她一提到要買衣服就自卑。

這雖然不是我第一次幫學員購買較大尺寸的衣服，但卻是第一次學員不在身邊試穿，妳可以想像我在挑選時有多麼的戰戰兢兢！我請店員拿布尺測量衣服三圍，深怕尺寸不對；我請身材類似Macy的店員與逛街客人幫忙試穿，以確認豐滿的人穿起這件衣服的樣子；我腦中隨時攜帶著Macy，因為需要在腦中玩紙娃娃搭配遊戲，以確保所有衣服都能互換搭配。

當Macy穿上我在美國為她挑選的淡藍色印花短洋裝時，她整個人綻放光芒，學院裡的老師與顧問們驚喜讚嘆，讓我覺得所有的努力都值得！事實上，Macy擁有一雙又直又細的腿，她從來不曾讓它們展現過，而當她看著彰顯出美腿的自己，她很開心的說：「老師，重拾女人的感覺真好。」

每次去巴黎，我最愛看的就是巴黎女人；看巴黎女人不僅是視覺享受，更是一場豐盛的心靈饗宴。巴黎女人的美麗，是永遠探索不完的話題：對巴黎女人來說，美麗跟年齡沒有關係；她們從小到大到老，都在學習並實踐美麗，把美麗當作是終身的修行。巴黎女人認為女人一輩子都該持續擁有「媚惑力」的人生觀，讓她們即使在跟男伴調情，跟朋友談論國家政治，或是推著嬰兒車享受公園灑落一地的陽光……，都自然散發獨特的魅力，令人目不轉睛。浪漫自在的巴黎女人把所有的生命投注在她們認為「美」的地方，她們開心地裝扮自己、天天美麗，並且不吝惜讓大家記住她的美麗、欣賞她的美麗。因此當她們走在街道上，就像是一幅幅美麗的風景畫，我想這也是巴黎街景之所以充滿魅力的主因吧！

想學習巴黎女人：知道自己美麗、欣賞自己的美麗、並盡情展露美麗，讓妳的美麗發自內在、揚顯於外，做個「媚惑力」十足的女人嗎？

在這一章，我將提供三種能幫助妳展現美麗曲線與媚惑力的方法，它們各為：「展現身材優勢法」、「平衡體型穿衣法」、「身材夢想完成法」。此三種方法雖然適合不同個性與特質的人，可是相同的，它們都能幫助妳更加了解自己、展現美麗。我建議妳先挑出最符合妳個性的一種方法即可，等熟稔了之後，再邁向下一個方法；記得，同時熟悉或執行三種方法並非必要，我有太多的學員，只專注於一種方法，就能讓她們美麗、滿足、自信。

· 「展現身材優勢法」適合感性的女人。此型的女人在執行此方法的時候，請專注在「優點」而非缺點；享受「擁有的」，而非不足的；每天對自己說好話、稱讚自己，而非批評自己。只要如此，妳就會天天擁有生生不息的美麗能量！

· 「平衡體型穿衣法」適合理性的女人。此方法專注於體型平衡的操作，讓身材均勻順暢、符合大部份人視覺上的期待，讓身材不會成為妳美麗的絆腳石。執行此方法的時候，我要妳每天早上專心穿衣、專心照鏡子、專心分析審視自己的樣子。妳一定要這麼做！因為唯有準備周全，方能全力以赴！也就是說，走出家門之後，無論工作、約會或玩樂，妳都能盡情做自己，不再擔憂外表，因為此時此刻的妳已經完全忘記衣服的存在。

· 「身材夢想完成法」適合對生命熱情洋溢的女人。當妳有一個夢想，是妳真心想要、並且渴望達成，所有的機遇與行為就會圍繞著這個夢想發生。在身材夢想上，我要妳一個一個來，先挖出妳最想要的，完成後再進行下一個夢想。
這一段時間，每天早上醒來的第一件事情想的是：
為了能展現我的夢想身材，今天我要怎麼穿？千
萬不要想：穿衣真難啊……腿真粗啊……
能像某某人那樣真好啊……算了吧！
等到變瘦了再說吧……。看著妳的
腦、選擇妳的想法，專注在如何達成
夢想，而不是擔憂夢想困難重重；盡管妳
目前尚未達到夢寐以求的身材，但我能跟妳
保證：只要妳專注夢想，美好的改變就會發
生，開始時或許微乎其微，但妳一定會陸
續在生活中看到、體驗到自己的漂亮！

展現身材優勢法：適合感性的女人

「展現身材優勢法」的第一步就是用「心」看自己，用「心」欣賞自己，並找到外表最美麗的地方，且引以為傲、決定盡情展現它！以下表格就是要幫助妳找到自己最美麗的地方：

找到自己最美麗的地方

首先，請先準備一面「全面鏡」（這是我最喜歡的形象工具之一，妳會發現這面鏡子將成為妳最忠實的朋友。）仔細看著鏡子中的妳，給自己全然的愛與欣賞，哪些地方是妳覺得美麗的地方？請打勾：

美麗部位	✔	美麗部位	✔	美麗部位	✔	美麗部位	✔
頭髮		牙齒		胸部		手臂	
額頭		耳朵		腰部		手/手指	
眉毛		肌膚		腹部		大腿	
眼睛		臉型		臀部		小腿	
鼻子		頸項		背部		腳丫	
嘴巴		鎖骨		三圍比例		腿長	
下巴		肩膀		上下身比例		身高/骨架	

盡情展現美麗的地方

經過以上勾選，妳發現自己美麗的地方
了嗎？

就讓美麗的地方為妳說話吧！例
如：臉漂亮的人，可以讓晶瑩剔透的彩
妝強化妳的自然美、選擇適合的項鍊或領型
烘托美麗的臉蛋、或者把頭髮撥開露出整張臉，
總之，就是讓妳的臉成為視覺的焦點。手漂亮
的人，可以塗淡雅指甲油或戴上戒
指、手環；而選擇7分袖，讓
露出來的手臂手腕一直延續到
妳美麗的手，也是很棒的方
法。腿美麗的人，則更要做
好腿部保養，無論是短裙、隱
約包裹腿線條的窄裙或合身長
褲、或者是一雙引人注目的高
跟鞋……都能讓妳的雙腿成為
美麗的引言人。

平衡體型穿衣法：適合理性的女人

理性女人最大的優勢在於：擅於分析，並能依照分析結果與步驟一一執行。首先就讓我帶引妳一起找出自己的體型，找出體型後，再進一步學習此體型的專屬穿衣技巧。以下體型分類乃以身材的三圍比例為基礎：

找出妳的體型分類

我以所有設計師一致公認的完美人體比例---也就是古希臘愛情女神維納斯的身材比例為基準來做比較，把女人的體型概分為六種：草莓體型、西洋梨體型、水蜜桃體型、絲瓜體型、可口可樂曲線瓶體型、標準體型。

如果妳不確定自己到底屬於哪一種體型，記得要尋求專家的協助！基本上，我不希望妳將生命困惑在「身材」這等事情上，妳有太多更重要的事情與天賦待妳去發揮展現。我的學員中，超過一半比例是屬於理性的知識份子或高度專業人士，她們都發現：困擾一輩子的問題，專家只需要幾分鐘就可以解決了。更何況透過專業的身材比例分析，能為妳的體型定義得更精細，例如：「絲瓜體型」的人仍然可以細分為「管狀絲瓜」或是「長方形絲瓜」等。細分的好處在於更能掌握妳挑衣選衣的精確度，如果自己的身材體型來自於「猜測」，恐怕適合妳的款式也只會淪為「猜測」，更遑論品味的養成了。

草莓體型

肩膀寬或厚，往往具有上身壯、下身細，倒三角形線條的特色。

西洋梨體型

臀圍比胸圍大，臀寬也比肩膀寬，顯出三角形線條的特徵。

水蜜桃體型

胸部、腰部與臀部線條皆很圓潤，三圍比例的差距不大，屬於圓形線條的美女。

絲瓜體型

胸部、腰部與臀部的曲線差距不是很明顯，屬於長方形線條的特色。

可口可樂曲線瓶體型

三圍比例分明，腰部尤其細，擁有如沙漏般窈窕有緻的曲線。

標準體型

三圍比例適中，看起來均衡順暢，是最接近維納斯黃金比例的體型。

要提醒妳的是：當妳體重改變、生活型態改變、年齡改變，都可能造成身材體型的改變。此時一定要再度調整自己的體型認定與穿衣方式，永遠以新的眼光看自己，新的方式打造自己，才是永保年輕美麗的秘訣。

像這17年來，我的學員常回來重新上課。我常告訴學員：PI學院就是她們美麗的殿堂，每當她們覺得身材改變、職場軌道調整、職位升遷、結婚生子、人生處於低潮、或對衣服的感覺不對時，請再度回來複訓課程。複訓課程不只是溫故知新，重新為美麗、為事業、為生命積累電力，更是個重新看自己的機會；而她們也真的回來了，為「現在的自己」重新創造適合此刻的美麗！

Q：為了維持身材，需要天天量體重嗎？

A：基本上，我不贊同女人每天量體重，把自己搞得緊張兮兮；這種壓力只會離美麗遙遙無期。我想在此跟大家分享我維持體型的「長褲測量法」：這是我幾乎不量體重卻能維持身材的秘密。我是個美食主義者，享受美食、寵愛味蕾，可是每當我的長褲褲頭變緊了，我就知道最近變胖了；或者褲管變緊了，我就知道水腫了。接著，我會開始在生活上稍做調整：巧克力從吃一個減為半個，中午走出辦公室用餐而非叫外送，下午三點停下工作做十分鐘伸展，晚上看書時邊抬腿……總之，小小的調整也正是告訴妳的身體：妳在意它！所以它也會以最快的速度回復！

此外，以下穿衣服產生的「異樣」，也是身材或體型可能變了的徵兆：

· 原來穿起來合身的衣服，突然不合身了。

· 原來好看的上下身搭配，現在突然怪怪的。

· 原來穿這件衣服不會突顯身體的任何部位，現在卻會特別看到某個部位，讓妳不自在。例如胸部、腰腹、臀部、胯下或大腿等。

· 原來穿這件衣服情緒高昂，現在卻情緒低落。

· 原來穿這件衣服身形緊實，現在卻身形鬆垮。

利用衣服重塑身材比例

如果妳能了解身材是由「幾何圖形」所構成，就能更客觀的欣賞自己，而不給予任何評價。身材的幾何圖形構成是這樣的---從正面看：頭（橢圓形）＋脖子（短圓柱形）＋肩膀到腰（倒梯形）＋腰至臀部（正梯形）＋四肢（四支長圓柱形）；側面看：胸部（向前凸出的兩個半圓形）＋腹部（向前凸出的小半圓）＋臀部（向後凸出的半圓形）。

衣服也是由幾何圖形所構成。所以選擇衣服的智慧之一就在於：利用衣服的幾何圖形，來平衡身材的幾何圖形。試想：衣服覆蓋在身材的外面，衣服的設計：包括衣服的形狀、線條、色彩、圖案、細節正好可以誇張、柔和、或平衡原來的體型，以「重新劃分」我們的身材比例。譬如：西洋梨體型的佳人穿墊肩時，因為肩膀線被加寬了，使得肩膀至腰的「倒梯形」更加顯著，如此一來，就讓腰至臀部的「正梯形」相對的變小，自然平衡了整體視覺印象！又當我們穿起高腰的服飾時，因為腰線被提高的緣故，腿看起來自然就長了。

學院總監Ariel常分享一個故事：她的表妹從青春期以來，每天都為「臉大」這件事傷腦筋，只要聽到能瘦臉的產品、按摩用具，她一定買來使用，可是往往達不到她的預期。直到Ariel總監自己上完課程，學到身材體型與衣服款式的關係後，她才明瞭：原來表妹的臉之所以顯寬，是因為肩膀比常人小的緣故；因此只要穿衣服的時候將肩膀比例加寬，例如一字型領、公主袖或墊肩，就能立即「縮小」臉部，如此簡易的方法，也圓滿解決了表妹長久以來臉大的煩惱。

接下來幾頁是每一種體型的穿衣技巧，只要掌握這些穿衣技巧，妳就能輕易穿出身材黃金比例：

草莓體型美麗金鑰匙

幸運標籤

永遠不用擔心臀部會顯大！妳的身材天生就有大將之風，可以很自然地把衣服撐起來，穿出美麗佳人深具自信的架勢。

穿著目標

縮小肩膀或加寬臀部。

可以選擇豐滿的裙型，如蓬裙、鬱金香裙、褶裙；或是醒目的下半身，如條紋、格子、印花圖案的褲子或裙子等；至於引人注目的美麗鞋子也很棒，如鮮豔顏色鞋、雙色鞋、繫帶踝鞋等。

配色技巧

可以利用上深下淺的配色技巧，來平衡「上身壯、下身細」的身材比例。

貼心提醒

避免任何會加寬肩膀的款式！如大墊肩、肩章、大荷葉領、一字型領、肩膀上有滾邊或裝飾設計、泡泡袖等上衣。

西洋梨體型美麗金鑰匙

幸運標籤

妳是深受長輩喜愛的代表,穿起裙裝丰姿綽約的模樣充滿女性魅力。

穿著目標

加寬肩膀或縮小臀部。

可以穿著引人注目的美麗上半身,如美麗的領型、醒目的釦子、胸前口袋、印花上衣、美麗首飾、對比色的襯衫／外套,都可以在視覺上創造出「轉移焦點、強調重點」的效果。也可以穿著加寬上半身的衣服,如墊肩、荷葉領、一字型領、削肩、泡泡袖等。至於下身則要慎選能顯瘦的款式:如厚薄適中、垂墜性佳、合身度美的長褲與裙子。

配色技巧

上淺下深的配色,可以平衡「上身細、下身壯點」的身材比例。

貼心提醒

最好不要碰的款式有:讓肩膀看起來窄的袖型,如斜肩袖、蝙蝠袖等;讓臀部看起來大的下身,如臀部附近有複雜設計,如對比色口袋或刺繡印花裝飾、蓬蓬的碎褶裙或百褶裙、條紋格子或印花下身、或任何厚重或有凹凸手感布料的裙子與長褲;另外若腰部很細,與臀部產生太大差距時,請避免繫太寬太緊的腰帶,以免因腰小而更顯臀部大。

水蜜桃體型美麗金鑰匙

幸運標籤

珠圓玉潤的美，帶來女人天生的溫婉與福運，不知道有多少人正在羨慕妳的體面呢！

穿著目標

同時縮小肩部、腰部與臀部的視覺效果，尤其腰部要縮得更小。

「柔美曲線＋直的線條」，是妳穿衣的不二法則。柔美曲線的服飾如圓領、荷葉領、魚尾裙、有弧線設計的首飾如葉子等，都可以展現妳的玉潤之美；直線條服飾如低 V 領、長項鍊、長絲巾、外套的前開襟等，則會讓妳看起來更瘦長。布料方面，適合厚薄適中、垂墜性佳的質地，要避免全身厚重、硬質，或有凹凸手感的布料。

配色技巧

上下身同色或同色系，是最顯瘦的配色方式。

貼心提醒

水蜜桃體型佳人雖然適合柔美的弧形線條，但要避免全身都是圓形的設計，否則會產生「圓上加圓會更圓」的增胖效應。也不可以全身都是直線條或剛硬的感覺，剛硬的線條和身材太對比了，反而會產生不協調或反強調的效果。另外，注意全身部位不要有一個地方「特別緊」，「均勻的合身度」是很重要的穿衣原則。

絲瓜體型美麗金鑰匙

幸運標籤

曲線剛柔並濟，穿着打扮可以很中性、也可以很女性化，發揮創意的空間很大！

穿著目標

除了縮小腰部之外，也可以加寬肩膀或臀部的寬度。

在衣服剪裁不緊身、布料不貼身的前提下，不但適合「直筒」的剪裁，也適合「有腰身」的剪裁。可以穿着加寬肩膀的款式，甚至若臀部不大，更可以穿蓬裙；如此腰身就會相對變小，曲線也因而突顯出來。

配色技巧

若是瘦的管狀絲瓜體型，不要全身穿著深色。

貼心提醒

過於緊身或貼身的衣服，會讓平直的線條完全顯現出來，此時可以為自己加上「第二件」，如緊身針織衫外加背心、襯衫或外套等。

可口可樂曲線瓶體型美麗金鑰匙

幸運標籤

三圍明顯的妳，是人人稱羨的美麗女子，只要穿對衣服，妳的美麗無人可以比擬！

穿著目標

「美麗的合身度」最能自然展現妳女性化的窈窕身材，若不胖，甚至可以穿緊身的衣服。

因為身材就是妳最大的優勢，所以款式簡單就好！簡單的款式讓妳更顯優雅大方，並賦予不張揚的性感；反而款式過於花俏、細節過於繁瑣，會降低質感，並辜負妳原本的天生麗質。

配色技巧

上身、腰部與下身，以類似深淺度的顏色配色，最能保有原來的玲瓏曲線。要避免腰部顏色特別深暗，會讓胸部與臀部顯重。

貼心提醒

若屬於豐腴的可口可樂曲線瓶身材，應該避免剛硬或貼身的剪裁和布料；若胸部比較大，要避免寬鬆的上衣，否則看起來會大而無型；至於腰特別細的纖腰可口可樂曲線瓶體型，要注意腰部不可過分地強調，否則會因為腰小而使臀部顯大或胸部顯重。

標準體型美麗金鑰匙

幸運標籤

三圍均衡的妳,比例舒適妥貼,是職場上最能穿出專業與優雅的
最佳比例!

穿著目標

不要特別強調胸、腰、臀的任何一個部位,否則很容易失去原本
均衡協調的比例。

配色技巧

只要配色的比例得當,沒有限制。

貼心提醒

沒有限制。請專注在其它穿著品味的養成,例如選擇自己「皮膚
色彩屬性」的顏色、展現自我風格、與品味穿搭磨練等等。

Perfect Image Q & A

Q：如何找出適合自己的服裝品牌？

A：我在美國自創服裝品牌多年，深知每位服裝設計師心目中都有設定的**model**形象，也許這位設計師做出來的衣服特別適合身材高挑骨感的女人，另一位設計師的作品則適合體態渾圓的女性……。因此，不是喜歡哪種品牌就找得到合穿的衣服，有時候不常接觸的品牌，說不定才是最適合妳的「真命天子」。多走幾家店，多比較不同品牌，並且一定要多試穿多比較版型，才能找到最適合自己的品牌。

Q：女人衣服的尺碼重要嗎？為甚麼我的身材沒變，穿的衣服尺碼卻不一樣？

A：許多女人將衣服的尺碼視為自己的標籤之一，並且可能會因為店員猜大一號尺碼而感到不悅。千萬不要掉入尺碼的迷思，說穿了，尺碼只是方便店員介於妳和品牌之間的溝通工具而已，除此，並不具有任何代表意義。更何況最近有許多品牌都將尺碼的標準放大了，讓女人因為覺得自己穿衣尺碼變小而更具信心，相對也增加對該品牌的親和力。聰明如妳，不應該陷入尺碼的陷阱裡哦！

身材夢想完成法：
適合對生命熱情洋溢的女人

「身材夢想完成法」很簡單，只要正視心中的「身材夢想」，並逐夢踏實即可。或許妳會告訴我：不知道自己的「身材夢想」為何？妳當然知道！只要傾聽，只要留意，就會瞭解妳內心深處其實早就深情細語說出它的渴望了。以下練習可以幫助妳挖掘內在細語並確認「身材夢想」。

找出妳的身材夢想

要找出身材夢想，可從每次照鏡子時對自己說的話開始留意。

妳可能對著鏡子直接說出妳要的，例如：「腿細一點有多好。」---那麼妳的夢想就是腿細。然而大部份的人可能以批評的方式來表達，例如：「天哪～我的腿粗到不行，好討厭！」---此時請妳不要將對話停留在這裡，我要妳進一步問自己：「那我希望腿變成怎樣呢？」答案可能是：「細一點！」---那麼妳的夢想就是腿細；當然，妳的答案可能是很長、很直……或者妳的答案是：「腳很健康，走路、跑步也沒問題，有什麼好嫌棄的。」若是如此，就代表事實上妳並沒有這麼不滿意妳的腿，也因此妳不但再也不會嫌棄它，還會開始珍愛它。

現在就請妳將照鏡子時常對自己說的話語寫下來：

直接話語：

範例： 我想要 腿看起來又瘦又長　

我想要　　　　　　　　　　　　　　　　　　　　　

我想要　　　　　　　　　　　　　　　　　　　　　

我想要　　　　　　　　　　　　　　　　　　　　　

我想要　　　　　　　　　　　　　　　　　　　　　

間接話語：

範例： 我不要 腿粗的像象腿，永遠無緣穿短裙　

　　　　→（**轉換成**）**我想要** 腿細瘦，可以穿短裙　

我不要　　　　　　　　　　　　　　　　　　　　　

→（轉換成）我想要　　　　　　　　　　　　　　　

我不要　　　　　　　　　　　　　　　　　　　　　

→（轉換成）我想要　　　　　　　　　　　　　　　

我不要　　　　　　　　　　　　　　　　　　　　　

→（轉換成）我想要　　　　　　　　　　　　　　　

我不要　　　　　　　　　　　　　　　　　　　　　

→（轉換成）我想要　　　　　　　　　　　　　　　

12個成全身材夢想的方法

以下為大家整理出12種女人最常見的身材夢想，依循其方法穿著，就可以創造一個令人過目難忘的美麗倩影，讓妳美夢成真：

我想要看起來瘦一點

Dos

・半合身的衣服最討好。所謂半合身：穿了衣服之後，能夠在單側邊抓出2.5公分的布料的合身度。

・掌握「寬配窄」的搭配公式，例如寬的上衣搭配窄褲就會顯瘦。

・腰、腹部一定要平順。當衣服紮進去時請拉平，衣服擠在腰腹處，看起來必定臃腫！

・布料要厚薄適中。過薄、過貼身或過厚的布料，都會更胖。

・選擇V領、長項鍊、長絲巾、長大衣等，為自己創造顯瘦的「直線條」。

・穿高跟鞋！女人一穿起高跟鞋，馬上顯瘦。

Don'ts

・不要遮蓋全身，務必展現妳身體比較細瘦的部份！例如：如果四肢或頸項最瘦，那麼就儘量展露它們吧，妳將坐收顯瘦的效果。

· 衣服的長度或醒目的設計不要正好結束在「最寬最大」的地方。例如腰部大的人要避免腰部有口袋或印花，臀部大的人則要避免衣服長度正好結束在臀部最寬的地方。

· 不要讓身上佈滿「圓形」物，像圓形的圖案---圓點、圓圈、圓花朵等。

· 不要全身都是厚的布料。如毛呢、鋪棉、毛絨、皮草等，這些都是屬於會讓妳更胖的布料，只能局部，不可全身！

· 不要穿緊身的衣服，包裹得像粽子會喪失吸引力。

我想要看起來高一點

Dos

· 穿高跟鞋！不過要提醒妳，高跟鞋的高度一定要跟身高相襯，過高的鞋子反而會像踩高蹺一樣，變得滑稽。至於高跟鞋多高才合宜？根據我17年來的觀察與經驗，建議高跟鞋高度不要高於：（身高-110公分）×20%。亦即150公分的女人，高跟鞋不要超過8公分；160公分的女人，高跟鞋不要高於10公分。

· 穿著高腰服飾。高腰服飾將身形切割成上短下長的比例，讓腿變長；而「腿變長」正是變高的妙方。

· 讓全身最鮮豔或最醒目的設計，在胸部以上的位置。

· 掌握「長配短」的搭配公式。例如長裙搭配短上衣，會比長裙搭配長上衣看起來更高。

· 穿著與裙襬或褲襬相同顏色的鞋子。

· 高的髮型或髮根蓬鬆，馬上就能看見成效。

Don'ts

· 避免過厚過寬的墊肩，誇張的墊肩只會將妳「壓矮」。

· 避免明顯1:1比例的搭配。例如長度相同的紅色上衣與黑色窄裙搭在一起，就會讓人看起來「矮短」。

· 全身最醒目的地方不能是鞋子。因為讓人第一眼就向下看腳，當然顯矮。

· 避免穿著寬的條紋，不管是直條紋還是橫條紋都一樣。

我想要看起來腿長一點

Dos

‧高跟鞋是妳最忠實的好朋友。

‧穿着高腰剪裁服飾或者稍短的上衣，也會讓腿看來更長。

‧皮帶的顏色要與下身相同，而不是與上身相同。

‧善用長褲---筆挺的褲褶有拉長腿長的效果；長褲長度蓋住高跟鞋
鞋跟的一半，則會讓人看起來長高了許多。

‧鞋子的顏色和裙子或長褲相同，也能拉長腿的視覺比例。若穿裙
子與褲襪，則鞋子的顏色要與褲襪相同。

Don'ts

‧遠離低腰款式：低腰褲、低腰裙、低腰洋裝、低腰外套。

‧避免下襬醒目或顯重的褲子：如褲襬反摺、寬管褲、喇叭褲等。

‧避免下襬醒目或顯重的裙子：如裙襬有印花、蕾絲、荷葉邊、滾
邊等。

‧避免任何腳踝有繫帶設計的鞋子、與鞋面高到幾乎靠近腳踝的
鞋子。

‧避免穿裙子與短靴時，中間露出一截腿。此時請穿與短靴相同顏
色的絲襪或毛襪。

我想要看起來臀部小一點

Dos

· 如果妳的肩膀不寬也不厚，可以使用墊肩來加寬肩膀寬度，以平衡臀部的寬度。

· 穿著寬橫的領型：如一字領、船型領、削肩領等。

· 穿著加寬肩膀的設計：如對比色的肩膀設計、泡泡袖等。

· 穿著引人注目的上半身：如吸引人的領型、醒目的釦子、胸前口袋、印花上衣、美麗首飾等。

· 穿著屬於自己「皮膚色彩屬性」的顏色：讓大家將焦點放在妳容光煥發的臉龐，不適合的顏色只會讓妳臉上全無光彩，進而讓人把注意焦點向下延伸到妳的體型，使妳的臀部無所遁形。

· 將裙子或褲子側邊的口袋縫合，看起來會更瘦。

Don'ts

· 避免上衣長度正好結束在臀部最大的地方。

· 避免設計重點在臀部附近的衣物：如臀部有貼式口袋、印花或刺繡圖案等，這些設計皆有吸引視覺的效果。

· 避免讓肩膀看起來窄或垂垮的袖型：如斜肩袖、落肩袖、蝙蝠袖、和服袖等。

· 避免臀部的合身度過緊，只會讓臀圍更為突出。

我想要看起來胸部豐滿一點

Dos

· 選對胸衣與抬頭挺胸是幫助妳「以小換大」的基本功。

· 穿著有胸褶與腰褶的剪裁。例如「旗袍」就會讓身材更玲瓏有緻，或任何有公主線剪裁的服飾也都會讓胸部更挺更有型。

· 穿著有蓬鬆感設計的上衣：如荷葉領、胸前打碎褶等。

· 採用墊肩，會讓胸部線條看起來更挺立。

· 在腰間繫一條皮帶，將上衣微微向上拉蓬起來，馬上就能增加動人曲線。

Don'ts

· 避免單穿緊身或貼身的服飾，可以在外面多加一件衣服，以增加「份量」。

· 避免過於寬大的衣服，會讓身形沒型、胸部更平。

· 避免穿落肩袖子，尤其是有垂肩的人；它會讓妳的肩膀線下垂，胸部也跟著下垂。

· 避免彎腰駝背。

我想要看起來腰細一點

Dos

· 穿著剪裁「略有腰身」的服裝，讓腰部曲線現形。

· 肩膀不寬的人，可以穿著墊肩、穿着寬橫的領型如一字領、船型領等，來增加肩膀寬度，讓腰身相對變小。

· 臀部不大的人，可以穿着臀部顯蓬的裙型，如鬱金香裙，讓腰身相對變小。

· 「直筒洋裝」因為讓人看不出實際的腰圍大小，也就無所謂有沒有「小蠻腰」了。

· 有腰身的人，可以再繫上寬腰帶，讓腰身更窈窕。

· 沒有腰身的人，若繫上寬腰帶，可以加上一件外套，讓腰帶只露出中間一截，會有很棒的造型效果。

Don'ts

· 避免穿着腰部附近有複雜設計的衣服。如腰部有口袋、印花、刺繡等。

· 避免腰身特別緊繃。如果其它地方都寬鬆，只有腰身特別緊，那無疑是向全世界的人宣告：「過來看我的腰吧！」

我想要看起來小腹平一點

Dos

· 平日姿儀要以「抬頭提腰」為基礎,小腹自然平坦。

· 穿著不會皺的布料。因為腹部處特別容易起皺,而身上最皺的地方,就是特別惹人側目的地方。

· 穿著腹部兩旁打細褶的款式。

· 印花衣服比素色衣服更能讓腹部視覺模糊化,有掩飾小腹的效果。

· 戴美麗的首飾,可以達到「轉移焦點」的效果。

· 穿著讓胸部豐滿的衣服,如荷葉領。因為小腹看起來是否大,跟小腹與胸部突出的曲線差距有關;所以通常胸前「偉大」的女人不管小腹再怎麼圓,都不太會顯大,而「真平」的女人只要小腹有一點點突出,就會看得很清楚。

Don'ts

· 避免穿著腹部處有圓弧形口袋的衣服。因為圓弧形口袋很容易沿著腹部曲線張開,並產生「圓上加圓會更圓」的效果。

· 避免柔軟貼身的針織布或斜裁布,這些布料會讓腹部原形畢露。

· 避免拉鏈繃開的裙子或褲子。

· 避免長褲褲襠太緊,在褲襠的地方繃出了微笑曲線。

我想要看起來手臂細一點

Dos

· 勇敢嘗試無袖或削肩衣服吧！此法也適用於手臂「稍粗」的女人（但「超粗」的人就算了），因為無袖會讓整個手臂線條拉長，而當手臂線條拉長時，手臂也就顯得較細了。

· 短袖的袖子寬度，以能放進三根手指頭的寬度最顯瘦。

· 若小手臂不胖，不妨穿七分袖。

Don'ts

· 避免短袖的長度正好結束在手臂最粗的地方。

· 避免穿蓋袖（指些微覆蓋手臂的袖子，比一般的短袖更短）。

· 避免袖子緊繃，或布料薄貼，會顯得肉感十足。

· 避免有線條設計的袖子。

· 避免太寬太低的袖籠（指衣服接袖子的部位）。

我想要看起來臉小一點

Dos

· 肩膀窄的人，會讓臉與頭的比例看起來稍微大一些。此時妳只要選擇能加寬肩膀的衣服，如一字領、船型領、削肩、泡泡袖等，讓肩膀看起來大一點，臉與頭自然能夠看起來比較小。

· 戴中型大小的項鍊或耳環，可以平衡臉的尺寸。

· 眼鏡是讓臉變小的重要配飾。但是眼鏡不可過大，眼鏡的鏡腳不要寬於太陽穴的位置。

· 髮型很重要！找一個好的髮型師，適合的髮型可以馬上瘦臉。

Don'ts

· 避免穿高領。高領直接將臉捧起來，突顯臉的尺寸。

· 避免很小的領片，也避免過大的領片。

· 避免過大或太小的項鍊或耳環，只會讓臉看起來更大。

· 避免中分的髮型，避免貼頭的髮型，避免頭髮的厚度多於臉寬度的1/4。

我想要看起來腿細一點

Dos

· 穿2吋或更高的高跟鞋，可以讓腿看起來纖細許多。

· 褲子不要太寬，在腿側可以抓出2.5公分的布料的寬度即可。

· 穿布料挺但不厚的長褲。

· 除非長褲剪裁特別好，否則深色會比淡色更有瘦腿效果。

· 若穿馬靴，長馬靴比短馬靴更有瘦腿效果。

Don'ts

· 避免布料過厚、或薄而貼身的長褲。

· 避免穿條紋褲、格子褲。

· 避免長度正好結束在腿最粗的地方的裙子或長褲。

· 大腿側邊胖的人，褲子或裙子千萬不要在大腿側邊緊繃，產生弧型曲線。

· 腿粗的人，避免穿著鞋跟過細的高跟鞋。以至少2.5公分直徑的鞋跟為宜。

· 有蘿蔔腿的人，避免馬靴的靴筒在小腿肚特別緊繃。

我想要看起來皮膚亮一點、光滑一點

Dos

· 穿對自己「皮膚色彩屬性」的衣服，能讓肌膚晶瑩剔透，閃閃發光。

· 選擇與皮膚質感細緻度「類似、或稍微細緻一點」的上衣布料。

· 選擇與皮膚質感細緻度「類似、或稍微細緻一點」的項鍊耳環。

· 妝感務必透明乾淨。

· 髮質健康且有光澤。髮質的光澤可以反射到臉上，讓臉也呈現自然光澤。

Don'ts

· 膚質較粗的人，請避免：質感較粗的布料，如毛呢、粗麻等。

· 有明顯青春痘或斑點的人，請避免：印花上衣、有花紋的眼鏡、以及質感粗獷的布料與項鍊耳環。

· 彩妝要避免：粉卡在皺紋裡、口紅斑駁、眼妝掉色或模糊、化妝顏色超過三種。

· 頭髮要避免：毛燥、分叉、遮住顏面太多、燙小捲、多色染髮。

我想要看起來有份量一點

Dos

‧若肩膀不寬，請穿墊肩吧！

‧衣服要合身，看起來才會有份量。

‧2~3吋高跟鞋是必備品。

‧適量的首飾可以撐起場面。

‧穿華麗感重一點的衣服。

‧選擇中性色+鮮豔色的組合可以看起來有份量。

Don'ts

‧避免全身寬寬大大的衣服，會看起來沒精神。

‧避免全身都是粉色系。

‧避免使用太可愛的東西。

‧避免過於樸素的服飾，可能會看起來單調。

‧避免完全無高度的平底鞋、娃娃鞋、樂福鞋，至少要有1吋高。

Perfect Image Q & A

Q：維持曼妙身材的正確姿儀為何？

A：我喜歡請學員練習「抬頭提腰」的動作。「抬
頭提腰」動作是我的瑜珈老師，也是兆
豐期貨董事長---陳忠憲先生所傳授的，
而我自己從中得到很好的效果，也教了
我的學生們。大家不妨一起練習：站立
時，請想像自己在量身高，此時妳的腰往天際線提升，而妳的脊椎也是
挺立往天空方向伸展，這時妳的小腹將會自動變平坦、腰部感覺拉長變細、臀部
微微緊縮、頭部也會優雅的平視；剛開始做時，腰部可能會微微發酸，但是習慣
了以後，這個動作將是女人天然的緊身衣，讓妳保持好體態，一定要學會。

Q：試穿衣服要注意哪些事項？

A：衣服和人的身體一樣都是立體的，要讓兩個獨立抽象的立體物產生美麗連結，唯一的方法就是：穿上它！而且唯有透過試穿，妳才能感受到衣服的材質觸感是否柔順、剪裁是否舒適？試穿時請注意以下地雷：

地雷1. Free size不用試穿

很多人採買衣服時，只要碰到Free size就懶得試穿，或者因為店員告訴妳：「如果不合可以拿回來換。」而安心的將衣服帶回家。但是每個人的體型都有微妙的不同，即使是穿同樣尺寸或是Free size的人，也會因為肩膀寬窄或是腰身長短等細微差異而不同；所以為什麼試穿這麼重要的原因就在這裡，它是幫助妳找到最符合身材的衣服的重要步驟。

地雷2. 購買的不是試穿的那件衣服

妳是不是也有這樣的經驗：好不容易試穿到喜歡的衣服，並在結帳時請店員幫妳拿另外一件新的，回去以後卻發現新衣服跟試穿的那一件怎麼有點不一樣，或者不那麼合身？沒錯！衣服的裁剪縫製經過人的手，即使同款同尺寸也會或多或少在剪裁、手工上有一些誤差，所以有經驗的人都會買試穿時的這件；若妳覺得試穿的衣服有瑕疵，可以請店員拿新的給妳試穿，真的沒問題再買回去。

地雷3. 站在鏡子前面不動

試穿衣服時，千萬不要像個靜止的模特兒一動也不動。妳應該模擬穿這件衣服時會產生的動作，像是：手舉高、坐下、彎腰、走路、爬樓梯……等；因為我們是

穿著這件衣服在過生活，而非只是站在鏡子前很漂亮。倘若這件衣服靜站時很完美，可是當妳活動時，才發現口袋繃開了、大腿的線條、內衣的痕跡都一清二楚時，那時的尷尬與形象的挫敗已非任何事物可以補救得了！

地雷4. 內衣褲不對

許多人逛街會敗興而歸的原因就在於穿錯內衣褲逛街，只有穿對內衣褲，採購效率才會提高。例如：買白色襯衫就不要穿黑色的內衣，買針織衫就不要穿蕾絲花邊浮凸的內衣，買合身平整的褲子就不要穿著會顯現褲痕的內褲……等。

地雷5. 穿錯衣服逛街

大部分的人視覺化能力大於想像能力，也就是說，當妳想為衣櫥裡的某一件長褲、窄裙找外套時，妳最好將它們帶在身上或是穿在身上，當妳在選擇外套時，才不會流於空泛的想像，而能真實地看到它們搭配在一起時的比例、質感、顏色……。總之，逛街試穿時模擬得越真實，就會採買得越成功。

Beauty Mission

讓「五個關卡」帶妳逛街去

逛街時最怕衝動購衣，像是百貨週年慶打折時、店員強烈促銷時、改裝拍賣時、花車大搶購時……，這個時候千萬不要昏了頭、茫了眼，要以淡定的心情和智慧，在妳結帳前詢問自己以下五個問題，就能避免買到事後會後悔的衣服：

第1關 這件衣服需不需要修改？

如果挑中的這件衣服其它條件都很理想，只是不夠合身，那麼請妳考慮不合身的地方是否可以修改？值不值得修改？修改費大約多少錢？（記住，如果這件衣服無法修改到「適合妳的身材」，甚至打算為這件衣服減肥或增胖，那就千萬不要買它。）

第2關 布料適合嗎？

當妳確認這件衣服是符合妳身材時，請妳摸摸衣服的材質：會不會太硬或不舒服？太軟太貼身？或者太透明，有沒有適合的內衣可以搭配？如果衣服的材質無法提供妳穿著的舒適感，那就不要買它。

第3關 會不會很難照顧？

衣服買回家固然需要妳的照顧才能壽命延長，但是如果一件衣服需要妳花費太多的心力，例如：需要乾洗嗎（這可是筆龐大的開支喔）？太容易皺（才上半天班就皺得不像樣了）？太容易勾紗？那麼，妳就得考慮一下。

第4關 當妳穿它時，是否需要花額外的精力去擔心它看來是否完美？

最好的衣服是時時刻刻讓妳看起來完美，而不是妳得不時的擔心它是否能保持完美？

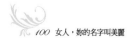

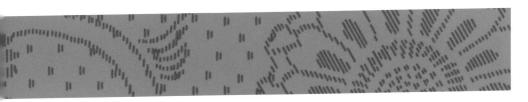

例如：一件漂亮的上班洋裝使妳每隔3分鐘就必須檢查一次，看看內衣肩帶有沒有露出來？或者一件昂貴的休閒服使妳郊遊時捨不得坐在草地上？這樣的衣服就留給模特兒拍照用就好了。

第5關 衣櫥裡是否已經有衣服可以搭配？

女人逛街時，常因賣場現場氣氛的熱烈造成視覺、聽覺、情感、行為的衝動而失去理智；如果妳現在看上一件漂亮衣服，腦子裡卻想不出衣櫥裡有哪一件可以跟它搭配，或者可能使用的場合，放手吧！永遠都會有最適合妳的衣服出現。

就算這件衣服已經過五關，也請再問自己一次：我真的需要它嗎？我真的喜歡它嗎？或者其實沒有也可以、值得再考慮？因為妳需要的不只是「一件衣服」，而是一件讓妳看起來很棒、讓妳的生活變得更方便、並且穿了它會帶來喜悅的衣服，不是嗎？！

Chapter 4

穿出自我特色風格
盡情展現妳自己！

每個女人都是獨一無二的，就像世界上有各種不同的花一樣，

玫瑰不用去羨慕百合，百合不用去忌妒玫瑰，而想要變成玫瑰。

大家各有各的美，好好珍惜自己的美，才是最重要的。

～by超級名模 米蘭達・可兒（Miranda Kerr）

親愛的姐妹們，不要再模仿別人，

而是好好找到自己「特色鮮明、無可取代」的形象吧！

It's show time, 展現自己吧

學員Ivy是個優秀的室內設計師,她將自己定位成「創造幸福家園的設計師」,希望每個經由她設計的家都能充滿幸福感。不過Ivy的外表看起來很嚴肅,愛穿、也常穿純黑色套裝的她,給人一板一眼、無可商量的既定印象;但真實的Ivy內在卻浪漫、溫柔的不得了,只是長期被嚴肅的外表框住,無法讓人感受到她真實的內在與想要呈現的幸福願望。

於是在【衣Q寶典】課程中,我讓Ivy在鏡子前看著自己,跟自己做一次深層的內在對話,找出潛藏內心深處真正的自己。之後在現場換裝的實習單元,我給她一個「典雅中帶著柔美」的公式:在原本沉穩的穿著上,添加20%的女性化柔美元素---可以是粉彩色系,有著荷葉領、蝴蝶結、蕾絲、珠珠亮片等元素的衣服、珍珠或線條優美的項鍊耳環,並請助教幫她吹整出富女人味的波浪髮型;就這麼一個小改變,她從嚴肅不可親近的Ivy,化為親切溫潤的Ivy,就連表情舉止動作也跟著改變,讓同學們覺得不可思議。

而看見全新轉變的自己,Ivy開心的跟全班同學分享:「我現在覺得更貼近自己,真心地感受到幸福的滋味!」

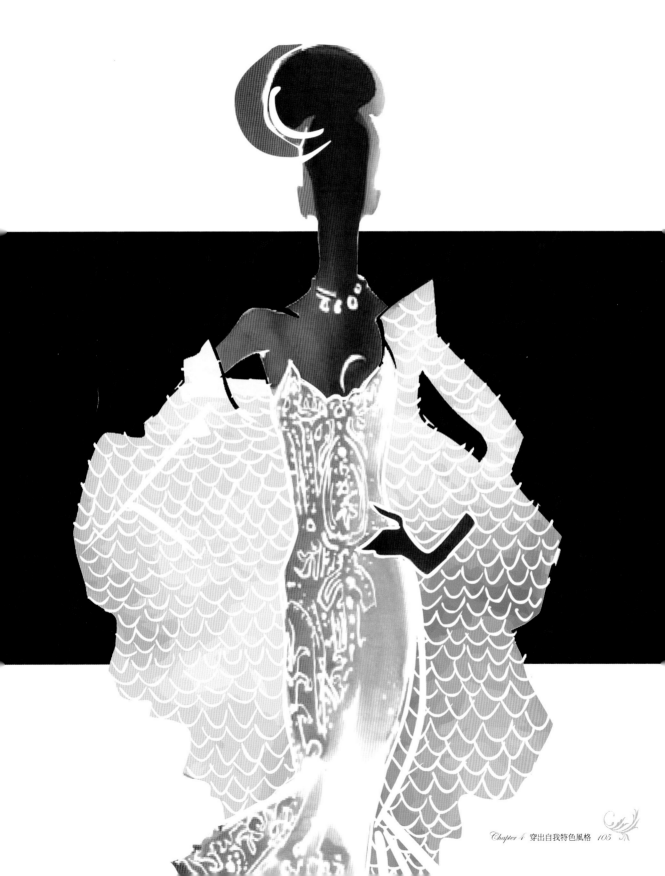

妳是否曾經想過：每個人的內在都住著一位形象編輯？

如同雜誌的流行編輯，將當季的流行訊息透過文字、圖片與編排呈現給讀者，讓讀者輕易瞭解本季流行的內涵與精神；我們內在的形象編輯，從每天早上的選衣、穿衣、照鏡子審視全身，思考這樣的穿著是否符合個人形象、當天場合，他人又將如何看妳……等一連串過程，其實就是一個編輯的過程：將自己的內在個性與思考模式，透過編輯的技巧，從外在展現出來的過程。

個人形象編輯的過程，也是一部成功的電影所必經的過程。在2012年獲得第84屆奧斯卡最佳女主角的梅莉・史翠普（Meryl Streep），在電影「鐵娘子」（The Iron Lady）裡演活了剛毅柔情的英國首相柴契爾夫人（Margaret Hilda Thatcher）：除了她努力閱聽史料，揣摩柴契爾夫人的口音、舉止、動作，內化而成的生動演技外；當然還得靠該電影的形象團隊---化妝師為她化上逼真的妝容、髮型師為她梳整柴契爾夫人不同時期的髮型、服裝造型師為她穿上一款款當年的服飾。有了這樣成功的形象編輯過程，當梅莉站在鏡頭前看著自己，相信自己就是柴契爾夫人，進而融入柴契爾夫人、演出柴契爾夫人，也讓從螢幕看著她的我們，真正相信她就是柴契爾夫人！

所以說在人生的舞台上，妳是個什麼樣的人？妳心中的使命是什麼？妳想要演好的戲碼為何？妳希望別人如何看妳？都需要妳仔細去思量，並且盡情展現出來。

要展現這一切，穿對戲服是基本的，唯有穿對戲服方能演得像；而若能讓戲服進一步演繹妳的魅力，那麼妳不僅會演得像，更會演得動人！就如「創造幸福家園的設計師」的Ivy最終瞭解：唯有將自己內在的溫柔穿出來，看起來才會有幸福感；而當外表有幸福感，別人才會真正相信她是能為客戶帶來幸福家園的設計師。

如何定位自己的風格

讓戲服演繹個人魅力的過程,就是「個人風格」建立的過程。個人風格建立,是我在【衣Q寶典】課程裡女人找到個人美麗四部曲中,最具挑戰性的一項。因為從會穿衣服到穿得很有味道,從單純打扮到能穿出內在的魅力,決定於妳是否充分瞭解自己的風格、並建立自己的風格。唯有展現個人風格,才能產生絕美的吸引力!

何謂風格?風格是結合一個人的五官、表情、身材、骨架、肢體語言等外在形象與內涵個性後,所發酵出來圍繞於妳四周的獨特氛圍。而完整的妳,是包含內在與外在的,拆開之後都只能是不完整的一半;一個恰如其分展現風格的女人,能給人相處越久越舒服、越看越美、餘韻無窮之感。

妳屬於哪一種風格的美麗佳人?

這裡我將風格分為戲劇型、典雅型、輕鬆自然型、與浪漫型四種。讓我們來做下頁「風格測驗表」測驗,看妳屬於哪一種風格:

風格測驗表

（答案不是單選題，而是依強烈程度標明4、3、2、1，最強的是4，最弱的是1。）

問題	A項	分數	B項	分數	C項	分數	D項	分數
1.哪一個最像妳？	前衛創意		端莊優雅		親切瀟灑		浪漫嫵媚	
2.妳最喜歡的首飾？	誇張而大的		精練大方的		簡單不醒目		柔美女性化	
3.妳穿起來好看的印花？	藝術性強的印花		規則的幾何圖形		條紋或格子		美麗的花朵	
4.形容妳的個性？	強烈		沉穩		瀟灑中性		女性化	
5.妳穿什麼色好看？	大膽的顏色		中性色		大地色系		粉彩色系	
6.較濃的妝感在妳的身上看起來如何？	滿好看的		只要不誇張都還可以接受		很難看		只要精緻動人都好看	
7.別人都說妳穿什麼衣服好看？	時髦的、有特色的衣服		經典不退流行的款式		休閒服或運動服		有蕾絲邊荷葉邊等女性化的衣服	
8.在人群裡妳喜歡別人怎麼看妳？	獨特耀眼		低調有氣質		如陽光般感覺舒服		美而動人	
總分	A項：		B項：		C項：		D項：	

做出來了嗎？請比較A至D項的總分，總分最高者即為妳的風格歸屬：

· 如果分數最高是A項：妳是**戲劇型佳人**，風格定位是**大膽藝術**。

· 如果分數最高是B項：妳是**典雅型佳人**，風格定位是**端莊優雅**。

· 如果分數最高是C項：妳是**輕鬆自然型佳人**，風格定位是**陽光灑脫**。

· 如果分數最高是D項：妳是**浪漫型佳人**，風格定位是**甜美感性**。

Perfect Image Q & A

Q：如果「風格測驗表」測試出來有兩種以上的風格都很像我怎麼辦？

A：「風格測驗表」的測驗中，如果妳有某項總分高出別項甚多，表示妳是屬於那種風格的人；如果妳有兩項以上的風格總分差不多高，妳可以選擇「最傾向」的那一項成為妳的風格，或依照生涯規劃來做思考，或因應不同場合來決定，例如：約會時想帶給人浪漫的感覺，工作時想樹立主管的權威；總之，先選定一種「主要風格」來呈現，才有辦法塑造妳的個人風格，否則妳會無所適從，不知從何處著手挑選服飾。

但是要提醒妳，妳挑選出的「主要風格」必須持續一陣子，才能逐步建立起個人的風格，別人也才會對妳「印象深刻」，產生認同。千萬避免天天更換風格，這會讓人摸不清楚妳的風格是什麼，而這也是美麗女性的地雷哦！

利用「造型技巧」為妳的風格「吊味」

每一幅畫都包含兩個元素：畫家的內涵與畫家的技巧，缺一不可。人文內涵讓藝術技巧有了生命，藝術技巧則是展現人文內涵的媒介；所以說內涵再怎麼深厚、有藝術眼光的人，如果沒有精湛的作畫技巧，恐怕很難達到藝術的境界。

個人風格的塑造也是如此。學習展現個人風格的造型技巧，猶如畫家學習作畫技巧；有了相對應於此風格的造型技巧，就能幫助自己快速營造出氛圍。例如：當妳是屬於典雅型佳人，只要把屬於典雅型的造型技巧用在自己身上，就能產生典雅的形象了。以下是我給四種風格類型佳人的造型建議：

戲劇型佳人

戲劇型佳人給人很有個人看法、獨樹一幟、引人注目、創意大膽、前衛極端、冒險精神等鮮明個性。其肢體動作、語言用詞可能大膽特殊、誇張有力，極具戲劇性效果。

戲劇型佳人的造型技巧

- 大膽奇異的款式。
- 上下身非整套的創意組合搭配。
- 流行尖端的設計。
- 太空風格。
- 民俗風格。
- 龐克風。
- 嬉皮風。
- 具自我風格的元素穿著。
- 硬挺的布料。
- 閃亮的緞子。
- 凹凸的縐紗。
- 厚的毛呢。
- 花式織紗。
- 有金屬感覺的布料。
- 刺繡或帶趣味感的質料。
- 任何戲劇大膽的布料，例如：塑膠、皮等。
- 重金屬感。
- 皮草。
- 大包包。
- 大墨鏡。
- 所有大的印花。
- 抽象繪畫的印花服飾。
- 印花外套、印花褲等。
- 鮮豔的顏色。
- 中性色但其中有金、銀或亮面的加工。
- 對比強烈的顏色如藍配黃、紅配紫。
- 複雜、誇張豪華或大的配飾。
- 刺蝟型運動鞋、戲劇性大膽設計的鞋子。
- 幾何形的髮型或特短的髮型。
- 波浪大捲髮型。
- 誇張式的舞台式髮型。
- 誇張的染髮。
- 舞台式的豔麗妝容。

典雅型佳人

典雅型佳人具有簡單優雅、穩重端莊、智慧精練的特色,不管是眼神、音調、手勢肢體都給人舉止得體大方、沉穩值得信賴之感,是有利職場的最佳典型。

典雅型佳人的造型技巧

- 傳統經典的款式。
- 兩件式套裝。
- 及膝窄裙。
- A字裙。
- 經典洋裝。
- 直挺襯衫。
- 兩件式針織衫。
- 合身度佳的西裝褲。
- 針織衫。
- 合身度好。
- 質感佳。
- 布料精緻。
- 作工精細。
- 細棉布。
- 細毛料。
- 細針織布。
- 開絲羊毛。
- 薄毛呢、絲等。
- 重覆規則式的小圖案。
- 草履蟲圖案。
- 圓點圖案。
- 中性色。
- 溫和的配色。
- 簡單優雅的質佳首飾。
- 簡單的貼耳耳環。
- 珍珠項鍊與耳環。
- 質佳的包款。
- 乾淨俐落的髮型。
- 款式優雅的高跟包鞋。
- 簡單淡雅的妝感。

輕鬆自然型佳人

輕鬆自然型佳人具有中性灑脫、熱情陽光、帥氣十足、健康活潑等印象；她們的肢體語言看起來精力充沛、直接了當、親切友善。

輕鬆自然型佳人的造型技巧

- T恤。
- 牛仔褲。
- 簡單的款式。
- 有壓線的西裝外套。
- 半套套裝的組合。
- 簡單的襯衫。
- 卡其褲。
- 中性色。
- 素色。
- 大地色系
- 帶一點「手感」的布料材質。
- 有一點粗的棉。
- 麻。
- 卡其布。
- 牛仔布。
- 斜紋布。
- 燈心絨。
- 針織。
- 手織羊毛。
- 生絲。
- 布料不要有發亮或豪華的感覺。
- 輕鬆不做作的設計。
- 格子圖案。
- 條紋圖案。
- 乾淨素雅的幾何圖形。
- 簡單不累贅的配飾。
- 首飾不宜戴多。
- 皮帶。
- 陽剛中性氣質的錶款。
- 運動風服飾。
- 背包。
- 休閒型牛津鞋、樂福鞋。
- 設計簡單的高跟包鞋。
- 自然似風吹的髮型。
- 裸妝。
- 自然眉形，不宜柳眉。

浪漫型佳人

浪漫型佳人通常擁有美麗的臉蛋和迷人的特徵，如水汪汪的大眼睛、豐潤的唇型、圓潤的鼻子或細緻的皮膚等。充滿女性化的特質，具有溫和柔美、浪漫似水、安靜神秘、嬌柔多情等肢體舉止。

浪漫型佳人的造型技巧

- 弧線條的設計。
- 鬱金香裙。
- 高腰抽縐洋裝。
- 泡泡袖。
- 蝴蝶結。
- 蕾絲。
- 荷葉邊。
- 亮片。
- 刺繡。
- 珠珠寶石。
- 雪紡紗、薄紗。
- 絲絨、天鵝絨。
- 鏤空繡花布。
- 印花細布。
- 柔軟豪華的質料。
- 亮面質料。
- 毛絨絨的質料。

- 皮草。
- 流蘇。
- 任何感覺精緻的質料。
- 粉彩色系。
- 圓形、弧線的線條。
- 美麗的印花或浪漫主題圖案。
- 花朵。
- 蝴蝶。
- 設計細緻、華麗感十足的配飾。
- 垂墜感耳環。
- 女性化設計的墜子。
- 飄逸的絲巾。
- 蝴蝶結或綁帶式等充滿女性化設計的鞋子。
- 波浪大捲或弧度柔美的髮型。
- 可以化濃妝，但是不要太誇張。
- 柳眉或有弧度的眉型。
- 不過度突兀或刺眼的彩妝色彩都可以。

如何兼顧得體與美麗？

人類有一套社會化的制式穿著，例如上班時穿典雅型服飾、約會穿浪漫型服飾、郊遊烤肉穿輕鬆自然型服飾、主持娛樂活動穿戲劇型服飾等。因為制式穿著代表人類的「視覺習慣」，所以若能將該場合的制式穿著主題挑出來，就滿足了社會「得體」的期盼；得體，也代表對自己現階段從事的社會活動的了解與尊重。

至於有了得體之後，要如何進一步呈現妳的美麗呢？妳可以再將自己的主要風格加進去，例如：以藝術型佳人為例，上班時穿著傳統的套裝，可能會顯得很「無趣」，若能配上色彩鮮豔對比強烈的襯衫、絲巾或大而誇張的首飾，就能讓妳在專業中帶出個人特質，讓妳從制式規範中跳出個人魅力。

不同風格佳人的套裝穿法

戲劇型佳人

要一位戲劇型佳人穿著傳統款式套裝，實在是太委屈她了！通常她們從事的行業也多半是創意或藝術類型，穿得太保守或太嚴肅，反而讓人看不出才華洋溢的專業感，因此大領片、對比色……等設計感較重的套裝，搭配大的首飾或馬靴等，都可以發揮此型佳人的特色。

典雅型佳人

傳統款式套裝對端莊典雅型佳人就很合適
了,只要進一步留意色彩、質感和合身度即
可,選擇空間算是最大的。

輕鬆自然型佳人

輕鬆自然型佳人穿著傳統款式套裝時,會顯
得嚴肅甚至老氣。妳可以嘗試格紋或條紋式
的套裝,或是在傳統套裝內搭配T恤;而穿
著半套套裝,更是讓妳看起來很帥氣的折衷
方式。

浪漫型佳人

浪漫型佳人不妨將自己的浪漫風格融入傳統
款式套裝裡,如此一來,便可兼顧真我性情
與專業形象。例如選擇魚尾裙剪裁的套裝會
顯得很柔美;而在傳統款式套裝裡搭配荷葉
領襯衫,或是在洋裝外面加一件剪裁柔美的
西裝外套,也能讓妳在專業中展現女人味。

不同風格佳人的「白色T恤＋牛仔褲」穿法

戲劇型佳人

白色T恤＋牛仔褲＋大紅皮衣＋骷髏頭圖案絲巾綁頭＋馬靴

典雅型佳人

白色T恤＋牛仔褲＋香奈兒毛呢斜紋外套＋包鞋

浪漫型佳人

白色T恤＋牛仔褲＋公主袖粉色毛茸茸外套＋
花朵裝飾髮帶＋高跟涼鞋

輕鬆自然型佳人

白色T恤＋牛仔褲＋深Ｖ領毛衣＋牛津鞋

Perfect Image Q & A

Q：流行與個人風格之間的關係是什麼？

A：誠如可可・香奈兒（Coco Chanel）所言：「流行終會退燒，風格永遠不死」。每一季設計師都會告訴我們款式、布料、色彩、配件、髮型、彩妝的最新流行訊息，然而，妳知道自己的風格嗎？

流行，是服裝設計師帶給大家的禮物；風格，卻是女人可以送給自己的禮物。許多人盲目追求流行，以為流行之美就是把流行穿上身，這樣的想法是很危險的；因為穿出流行之美的基礎在於：從最新的流行元素中，找到適合自己的款式、布料、色彩、配件、髮型、彩妝，而目的是呼應自己的美麗，這才是流行的價值。

所以，找出自己的風格是穿出「流行之美」的第一步，而流行則是提供我們生活新鮮與活力的泉源；並且是讓我們探索並得知自己是誰、要的是什麼？或者確認自己不是誰、不要的是什麼……的最佳工具。

Q：如果搞不定自己的風格，我該求助誰？

A：我會建議妳來上專業的形象課程，或是找一位專業的形象管理顧問來幫助妳。就如許多成功人士會延聘專業的形象管理顧問，為他們打理專屬形象，而他們也會很驕傲自己有一位專業的形象管理顧問。術業有專攻，就像妳的頭髮是由某位美髮大師所剪燙，妳的家由某位室內設計師所裝潢，妳的健康是由妳信任的醫師來照顧一樣。

成為自己的 King Maker

時尚界的凱撒大帝卡爾‧拉格斐（Karl Lagerfeld）在他64歲的某一天打開衣櫥，發現他穿膩了現在的衣服，也看膩了自己的樣子，他想要穿下有著名吸血鬼風格的Dior Homme男裝---無比貼身的襯衫和褲子；於是他當天做了一個重要的決定：減肥。他開始努力執行Jean-Claude Houdret 醫生為他設計的減肥療程，讓自己在13個月內減下了42公斤，並且合出了著名的《卡爾‧拉格斐減肥法》（The Karl Lagerfeld Diet）一書。

卡爾‧拉格斐並不是因為討厭自己的肥胖而想要減肥，其實在他身材豐腴的時候他對自己很滿意；他想減肥的原因很簡單、很單純、也很原始：他想穿上夢想的服裝，想經歷不同風格的自己！

德國有一句諺語：「徹底捨棄才能痊癒」。卡爾‧拉格斐覺得他必須丟掉所有過去的收藏，才有新生的時刻；而他減肥並不是為了穿下過去的舊衣服，是為了成為一個不同的人，擁有他不曾有過的形象感受；如今，他很滿意現在的自己，他說：「如果你沒有看過不一樣的自己，怎麼會知道自己是誰？！」

「King Maker」是我很喜歡的名詞，在英國文豪莎士比亞（William Shakespeare）的『亨利六世』（Henry VI）裡就提到：有一位城堡主人所支持的領導人最後都能順利當上英國國王，因而有了「King Maker」的稱號。這種可以讓人成為國王的能力，正是這個稱號令我喜歡的意義。

事實上，每個人都有能力成為自己的「King Maker」！人生若是像一部電影，那麼妳所穿著的符合場合、也符合妳個人風格的戲服，正可以幫助妳萃取妳內

在的夢想，將它圓滿實現，而這樣的過程就是「King Maker」的過程。因此，風格的塑造就是「King Maker」的動人過程，在這過程中，妳一次次誠實面對自己，深入自己的個性、生命與方向；妳一次次清楚探索自己，而每當在鏡中看到一個新的自己，都讓妳再度決定這是不是妳？是不是妳希望中的自己……。所以，每一次向外修練的穿衣經驗，就是向內的自我重新探索；能歷經這樣過程的人，才能成為自己的「King Maker」。

Beauty Mission

妳的置裝費都花在「刀口」上嗎？

許多佳人會擔心衣櫥裡的衣服不夠高級、不夠體面，其實全身名牌的時代已經過去，現下時興的是名牌與平價服飾的相互組合，只要搭配得當，妳看起來就是個「大名牌」。我常對來學院上【衣Q寶典】課程的學員們說：「花錢要花在『刀口』上。」也就是說，有一些服飾不一定需要花大錢，只要合身度佳、搭配得當，就能穿出質感；有些服飾則是一點也省不得。

首先，什麼東西不一定需要花大錢？以我的經驗，像是襯衫、線衫就不需要買太貴的，適合妳就好。在紐約，我發現當地女性很懂得搭配之道，高級套裝裡面穿的是一、二十元美金的襯衫，照樣英姿煥發，而妳完全看不出哪裡不妥。但是，如果單獨穿線衫、襯衫，就要多考慮衣服的合身度與質感了，不合身或質感差都會壞了全身行頭的整體價值感。另外，首飾也不用件件都是精品，單顆真鑽墜鍊配上價格平實的純銀耳環也很好看；買個幾百塊的銅刻手環套在手腕上，一樣耀眼。主要是妳的功力能否將不同等級的首飾，配出別樹一格的和諧感。

接下來的五樣東西，我則建議佳人們盡量購買質感較佳的高級品，它們分別是套裝、皮包、絲巾、鞋子和皮帶。

1. 套裝

一件好套裝對職場佳人十分重要，它能迅速提升妳在工作上的專業威權感。套裝是很典型的品質和價錢成「正比」、一分錢一分貨的服飾。高級套裝往往是由好布料及精細做工所組成，價格當然不便宜。對中級主管而言，擁有一兩套價值8000~10000元左右的套裝並不為過。注意！它一定要很合妳的身材，質感才顯現得出來。我的堅持是：套裝如果有一點不合身，不管是腰身過窄、還是肩膀過寬，即便是打1折的名牌，我也是不會動心的。

2. 皮包

皮包，不只是妳裝文件、私人用品的工具，也是象徵
品味的指標，所以請挑選一個適合妳上班服飾和身材的
真皮皮包。一般而言，皮包的價位與品質應該與妳的套裝相
當，例如：穿5000元套裝的人可以背5000元的皮包，穿10000元套
裝的人可以揹10000元的皮包。如果預算有限，那麼最低限度也要買一個「看起來
很棒」的包包，不過這要考驗妳的識貨能力，有時反而並不簡單。

3. 絲巾

如果衣櫥裡能有一兩條品味出眾的高級絲巾，將能夠輕鬆挽救平日平淡無趣的打
扮，並且能提高平價衣服的價值。雖然名牌絲巾價格不菲，不過只要用心學幾種
變化打法，妳會發現它能創造出來的投資報酬率是相當高的。

4. 鞋子

穿在腳上的鞋絕對值得費心挑選，因為它跟皮包一樣，能幫助妳提升個人形象。
我常看見女人一切都打點得無可挑剔，就是一雙品質不佳或不搭調的鞋跑出
來「喧賓奪主」，真是可惜。一雙粗劣的鞋不但破壞整體的搭配，降低好不容易
經營出來的質感，而且穿起來也不舒服，甚至會影響個人的健康。

5. 皮帶

最後是皮帶，同樣要建議妳買真皮皮帶，顏色最好是中性色，皮帶頭的設計盡量
簡單大方。別小看這細小的配件，好的皮帶是上身與下身的重要搭配橋樑，還可
以輕易增加全身衣著的價值感。

Chapter 5

成功詮釋搭配品味
鎂光燈下妳最美！

女主角可以找別人，但我一定是最好的。

〜by國際知名影星 鞏俐

讓妳的美麗成為鎂光燈下最閃耀動人的那一位！

自信，就會明亮；明亮，就能吸引萬眾目光。

角色精準詮釋，製造「驚豔」感

拿破崙的情婦約瑟芬，是位集美貌與智慧於一身的女人，雖然受到拿破崙的寵愛，但也曾經因拿破崙另結新歡而陷入情感的困擾痛苦中。在某次重要的晚宴來臨前，有消息傳出拿破崙將帶著新歡出席，這對約瑟芬來說，是個重大的打擊；然而聰明的約瑟芬並沒有一哭二鬧三上吊，她暗中打聽出那位女子當晚將穿的是一套綠色的晚禮服，於是她便派人將宴會大廳所有的落地窗簾全部換成綠色，而自己則準備了一套乳白色的晚禮服。到了決定性的那晚，她的情敵完全消失在一片綠色的汪洋中，而她自己則成為一顆耀眼的星星。情場上的這一役，使約瑟芬贏回了愛人的心。

我相信能夠在鎂光燈下成為閃亮明星的女人，一定是充滿智慧的女人---她們深知自己所扮演的角色、或想要扮演的角色，並且願意花心思創造美麗、突破美麗，成為一次又一次的傳奇。像那些紅地毯上最亮眼的明星們，絕不會只靠名氣或天生的美麗就能得到大家的注意，她們真正值得我們學習的地方在於：精采卻恰如其分的扮演角色！首先，她會先瞭解今天要出席的場合是什麼？如果是重要或特殊場合，那麼她在意的不只是出席亮相的模樣，更在意這場宴會中參與的人是誰？這些人的背景為何、會穿什麼樣的衣服？場地的佈置風格與主要顏色是什麼……等，並根據自己在這個場合中所扮演、或想扮演的角色：「主角」或是「副角」？「搶鏡」或「襯托」？來決定怎麼穿。

例如總是受到時尚媒體喜愛的紅毯女星---安潔莉娜‧裘莉（Angelina Jolie），出席各大影展或首映典禮時，喜歡以她最擅長駕馭的凡賽斯（VERSACE）訂製服來創造驚艷；當她現身時，獨特的神秘氣質、美豔性感的紅唇與姣好的身材，總能在一片星海中博得版面，成為指標人物之一。

或是像台灣知名演員---舒淇小姐，在2011年的金馬獎典禮當晚，是頒獎人也是最佳女演員入圍者，身為主角的她要如何讓人一見難忘、創造最佳「卡麥拉費司」（Camera Face）？不同於其它女明星只得到了一個「哇～」的讚揚，聰明的舒淇連續創造了三個驚豔：中性帥氣的Armani黑色西裝＋紫藍色鑲鑽長褲，將她的美豔輝映得更加純粹---第一個驚豔；露出深V美胸展露性感女神傲人身材---第二個驚豔；當她一轉身顯現背後挖空的設計時，伴隨著所有在場觀眾的驚嘆聲，則是她製造的第三個驚豔。舒淇的裝扮不但獲得當晚最高評價，更是留下餘音繞樑、一再讓人回味的美麗。

當然，如何成為稱職的「副角」，美麗卻不搶主角的風采，也是需要智慧。我有好幾位學員是外交官夫人，她們都不約而同跟我分享：駐外地每當參加國際

宴會時，她們會在好幾天前就先打聽宴會女主人---外交大使夫人的穿著，像旗袍是什麼顏色？圖案是什麼樣的花朵？以及會配戴的首飾……等等，讓她們在穿著上有所依據，在不能超越夫人穿著的前提之下適切扮好角色，讓整場宴會順利完成。

掌握搭配流程就很容易

搭配的過程猶如許多類型藝術的創作過程，最終成品常源自於一個創作起始點，之後沿著創作起始點開始加進其它元素，妳會邊加、邊減、邊調整，直到感覺到所有的元素在一起的方式，已達到最合宜的臨界點---多一分則滿，少一分則憾，這就是創作完成的時刻！畫畫如此、花道如此、廚藝如此、演講如此、寫作也如此。

我將此創作起始點的概念運用在我【個人形象管理顧問培訓班】的課程中，成效斐然，我簡稱它為「單品搭配法」。「單品搭配法」進一步解說，就是將妳今天最想穿最想秀，或需要穿的「主角單品」拿出來，以此項「主角單品」為起始點，然後其它陸續挑出來的「搭配單品」都圍繞著這件「主角單品」延伸搭配，直到所有單品的組合達到一個最和諧的狀態。以下是「單品搭配法」的三個步驟，跟著做，就能擁有最具時尚有品味的姿態：

步驟1. 先決定「主角單品」

妳今天的「主角單品」是什麼？妳希望藉由「主角單品」為妳做什麼樣的發聲、創造什麼樣的話題？「主角單品」可以是一件配飾，如造型奇特的高跟鞋、華麗雍容的披肩、富士比拍賣會得來的古董胸針；或者是單件衣服，如蕾絲上衣、紅色喇叭褲、可愛的圓點洋裝，也可以是一套套裝；此單品更可以是妳身體的一個部份，如胸部、頸部、柳腰、美腿，或是剛剪的髮型。

至於「主角單品」的挑選可以是純趣味性的，如紅色喇叭褲讓人感覺調皮輕盈；或者是情感的抒發，如跟祖母碰面時，戴她送的披肩以表對她的愛意；或者只是單純的想秀、想引起話題，如告訴大家妳的古董胸針是富士比拍賣會得來的；當然有些時候則帶有強烈的目標性，如穿著妳最稱頭的套裝參加最重要的會議。

步驟2. 再挑出「搭配單品」

在這個過程中，我需要妳放開心胸，回到兒時的「紙娃娃」遊戲。記得小時候玩的紙娃娃遊戲嗎？我們總是先挑出一件衣服，例如上衣，幫紙娃娃穿上，再挑一件下身幫紙娃娃穿上，這時我們可能將紙娃娃整個拿起來，手往後擺，以便可以仔細端詳紙娃娃的全身，就像是紙娃娃照全身鏡一樣，確認這樣穿好不好看？若不好看，我們會換其它下身，直到滿意為止。之後我們為紙娃娃穿上適合的鞋子、首飾、包包；過程中我們常常會停下來，看一下全身，只要覺得不好看或怪怪的，就隨時做調整。其實，在這段我們毫無負擔、毫無懼怕，純粹享受玩紙娃娃樂趣的經驗中，已經證明：我們是天生的搭配高手！

就是這樣的程序，我要妳開始挑出圍繞「主角單品」的「搭配單品」。假設：今天妳要上台做簡報，妳決定的「主角單品」是深藍色套裝，那麼下一步就是選擇可以與之搭配的內搭，可能是襯衫或線衫，並且穿上去看看是否好看；最後加上首飾、包包和鞋子等。

又例如：妳今天的「主角單品」是美腿，因此妳選擇一件膝上20公分的窄裙與簡單上衣，加上一雙3吋高跟鞋，讓腿亮麗吸睛；或者妳選擇一件有開叉設計的洋裝搭配高跟鞋，讓美腿若隱若現。這些過程都是為了讓「搭配單品」與「主角單品」做對話，達到彼此相融的最高境界。

搭配的過程中請記得：「搭配單品」永遠是最稱職的副角，其主要功能在於能顯現、烘托「主角單品」。如同一個好的百貨公司或精品店櫥窗佈置，櫥窗裡會有一項最主要、最吸睛的單品，而圍繞此「主角單品」的其它「搭配單品」，雖然個別也可能很吸引人，卻不會搶了「主角單品」的光采。

步驟3. 最後要照「全身鏡」

全身穿搭好了以後還要做一件很重要的事，就是站在「全身鏡」前面仔細檢視自己，如果缺乏這個步驟，即使是女神也會掉金漆！我們學院美麗的孝儀老師，從小就生長在一個很有品味的家庭，她的媽媽對女兒的照顧是「以身作則」，讓女兒從小看著母親如何妝扮、照料自己的全身。每次出門前，孝儀的母親總會叮嚀她要照鏡子，而且是全身從頭到腳的全身鏡；一旦媽媽看見孝儀的妝扮哪裡有問題，就會跟她說：「回來照一下鏡子。」讓孝儀藉由照鏡子這件事，學會對自己外表形象的照顧與重視。

現在，孝儀也有一雙可愛的兒女，她將從母親那兒學到對形象上的重視，也傳承給自己的兒女；尤其是可愛的女兒，每當要出門時，就會自己跑到全身鏡前左照右照，確認自己都很完美了才開心的出門。女人的品味是一種傳承---從每個女人的身上，都可以看到母親對她的影響，也可以預見她對女兒的影響，這是一輩子的事呢！

除了穿好衣服照鏡子，首飾、包包、鞋子等配件都穿戴上了之後也務必照鏡子，才能精準的看到「妳今日出門的樣子」。此外，「今日最重要場合的樣子」也要出色，例如今天最重要的場合是開會，那麼妳必須模擬開會實況，妳可能會坐下來、脫下外套、放下包包、發表言論，所以照鏡子時，妳可以坐下來、脫下外套、放下包包、發表言論，看看自己的樣子是否合宜？全身造型好看，並不代表只看到上半身時也會好看。

照「全身鏡」除了確認今天的造型好不好看，也要注意以下項目：

・是否以沒有品味的方式露出性徵？

像內衣顏色明顯或質料浮凸（如蕾絲內衣）隱約顯露；內衣包覆性不佳，引起胸部晃動；印花設計的部位在胸部或小腹或胯部；褲子的胯部太緊或臀部露出內褲褲痕等。

・臉部乾淨清爽嗎？

眼角分泌物、眉心雜毛、鼻毛過長、臉泛油光、彩妝不透明等，都予人不清爽的印象。

・衣服是否磨損、髒污或起毛球？

特別是領子、袖口、腋下等，自己不易注意到，別人卻一定會看到的地方，還有衣服的皺褶、脫線、脫鈕釦等也都不容放過。

· 背面如何？

背面的後衣領是否整潔、釦子是否扣好、臀部線條是否平順、開叉位置合宜嗎、有無頭皮屑殘留肩膀等。有句雙關語：「職位越高，越多人只看您的背面」，但在衣著細節上，這句話卻是不容忽視的警語。

Perfect Image Q & A

Q：如果沒有「全身鏡」，可以使用「半身鏡」嗎？

A：「工欲善其事，必先利其器。」一面「全身鏡」是妳美麗的必要投資，它不只能取代「半身鏡」所有功能，還能創造「半身鏡」無法達到的優勢。一定要記得：女人的美麗不能只美麗一半。

「全身鏡」優點在於能幫助妳從頭到腳審視自己全部的形象，包含妳出門穿好鞋子、拿好包包的模樣；因此，我會建議每位佳人不只在衣櫥旁放置一面「全身鏡」，更要在鞋櫃或玄關旁也放置一面，幫助妳做好全身形象審視，滴水不漏。這樣的投資其實一點都不貴，對於妳因此得到全方位的形象照顧，太划算了。

色彩這樣搭配就很有品味

從一個女人的用色、選色、配色，很容易窺探她的潛在性格，像活潑的女人喜歡選擇鮮豔色或做對比色的搭配，浪漫的女人常穿粉嫩色或做同色系的搭配，低調的女人則習慣穿著中性色、暗色或做中性色的搭配……。然而，這些女人都可能品味精湛，也可能品味平庸，如何看得出來？從「配色」功力便可知一二。以下是「PI」教學系統教給學員的配色方法，簡單易懂，學員們總是能在現場15分鐘之內就完成美麗的色彩搭配，妳不妨試試看。

相同顏色配色法

全身穿相同顏色，在視覺上會呈現出「極緻」的感覺---極緻的權威、極緻的保守、極緻的熱情……等。一般而言，全身穿相同的「中性色」，如全身黑色、全身灰色、全身白色時，在視覺效果上都是可以被接受的；但是全身穿相同的「鮮豔色」，如全身紅色、全身黃色、全身粉紅色時，如果沒有絕佳的搭配功力---不但要搭配衣服、搭配場合、還要能搭配個人風格，否則很容易掩蓋過妳本然的氣質。

中性色配色法

全身中性色，很適合低調的人穿著，也是
最安全不出錯的配色方式。中性色包含：
黑、灰、白、深藍、褐色系列等，它們所
透露出來的色彩語彙沉穩得體，特別在各
式職場場合中，都能讓妳泰然自若。

同色系配色法

所謂同色系，就是相同顏色的深淺變化。
例如深灰色長褲＋淡灰色針織衫＋中灰色
腰帶＋藍灰色鞋，深深淺淺不同的層次
感，可以在協調的整體感中帶出活潑的意
象。而同色系搭配是創意者的入門搭配
法，特別當妳要為一件特殊顏色的衣服找
伴侶時，它讓妳不用花太多精神就能搭配
出協調的視覺效果。

中性色＋一個點綴色配色法

想強調心情、但又不想太張揚的人，可以以經典的中性色為底、再加上一個特殊顏色來點綴，如此就能在得體的穿著上帶來亮麗、浪漫、輕盈、知性……等不同的心情故事（視選擇何種特殊色而定），非常適合含蓄卻又想有點創新的人。例如：穿著駝色套裝與咖啡色鞋時，搭配橘色包會比咖啡色包更能創造視覺的驚喜。

對比色配色法

紅配綠、藍配橘、紫配黃等對比色，只要配得好，最能釋放色彩的強烈力量，讓妳成為最閃耀的明星。

印花＋印花中的任何一個顏色配色法

印花服飾的搭配若沒有處理好，會讓妳的身體變成雜亂無章的「印花戰場」！此時挑出印花單品上的某一個顏色做為其它單品的顏色，是永遠不會出錯的印花搭配定律。

Perfect Image Q & A

Q：「配色」有沒有放諸四海皆準的法則？

A：有！除非妳很有配色天份，否則配色時請不要超過三種顏色。並且這三種顏色要有「多和少」的區分：也就是要有色塊面積最大的「主色」，面積次多的「副色」，與一點點的「點綴色」。這也是職場套裝為何能創造歷久不衰的原因，它完全符合了「主色-副色-點綴色」的配色法則：套裝為主色，襯衫為副色，配飾為點綴色。

髮型是搭配時的形象基礎

我旅居美國時有一位日本好朋友Halu桑，Halu桑是個非常美麗的大學日文教授。她的美麗風靡整個校園，我每天看到她穿著時髦的衣著，就連髮型都閃耀迷人；所以我開玩笑地問她是否每一天上沙龍？她告訴我：她每天都要花半小時來梳理頭髮。她認為美麗的髮型是名媛淑女的根本，從小在日本幼稚園唸書時，老師就會教導她們怎麼保養皮膚和梳理頭髮；而且她每天看到自己的媽媽、阿嬤也是用相同的方式來整理自己的頭髮，讓頭髮一整天光澤亮麗；甚至她媽媽的頭髮還會飄散淡雅的香氣，將典雅溫婉的「大和撫子」氣質表達得淋漓盡致；她說：「女人不就該這樣？！」

美麗的「髮型」成就日本女人的經典樣貌！而頭髮也真是一個人好形象的根本，妳會發現：即使身材再好、臉蛋再美，只要頭髮不好看，人就跟著不好看。依照中國人習慣「從頭看到腳」的打量法，能夠從「頭」有個好的開始，形象就能成功一半。

「妳能整理」是髮型首要條件

女人若想變時尚，換個時尚的髮型是最立即的辦法；女人若想轉換心情，變換髮型是最好的特效藥。因此我鼓勵妳勇敢換髮型，但是，換上的髮型要以「妳的能力可以整理」為前提，而不是拿著雜誌模特兒或明星的髮型，指定妳的設計師剪燙成相同髮型；因為有些髮型只適合拍照，或者需要上沙龍吹整才會好看，並不適合妳的日常生活。尤其是在工作職場上，「好整理」絕對是職場佳人第一個要考慮的；畢竟妳這麼忙碌，家裡只有簡單的梳子、吹風機，加上一

些造型用品，如果妳無法天天上沙龍維持髮型，那麼，最好留著簡單工具加上簡短時間就能整理好的髮型，才不會為自己帶來麻煩。

換髮型前注意事項

我的髮型設計師曾經跟我說：「髮型師是在『刀口下過日子的人』，每一次剪頭髮都像一場賭博，因為一刀剪下去就回不去了。」他還進一步說：「若是客人在剪髮時處於精神緊張狀態，髮型師也會跟著緊張心慌，往往不敢放手展現技藝，反而讓妳失去變換髮型的樂趣。可是當妳對髮型師充滿信任，在與髮型師充分溝通、全然放心地交給他之後，不但妳能輕鬆享受此次變髮的過程，也能讓髮型師盡情發揮精彩技藝，剪出很棒的髮型。」因此在換髮型前，妳可以注意以下事項：

· 不要在時間緊迫的狀態去弄頭髮。一定要時間充裕，並且事先預約好妳的髮型設計師，告訴他這次變換髮型的目的，才能在彼此放鬆的情況中獲得最好的討論溝通與結果。

· 到了現場不要急著馬上洗頭。應該先讓髮型設計師看妳原本的髮量與髮流，因為一個頭髮剪燙得好不好跟髮量與髮流的處理有很大的關係。

· 讓妳的髮型設計師瞭解妳平日的生活狀態，並討論出最符合妳生活狀況的髮型。

· 跟髮型設計師坦誠妳的整理功夫。讓你們對如何打理並延續髮型原貌建立共識，方能得到妳想要的「理想髮型」。

理想髮型注意事項

髮型要能搭配妳的臉型

例如圓臉的人就不要燙小捲頭，圓上加圓會更圓；臉大臉圓臉方的人，請避免中分髮型，會讓臉型特徵更明顯。

髮型要能搭配妳的體型

身形特別嬌小或高壯的人，髮型都不要太貼頭，厚度維持在臉寬的1/5~1/4左右，會讓身型更均勻。還有嬌小的人請將額頭的髮根吹高，會讓妳看起來很像長高3公分。

髮型最好能讓妳的五官更美

好的髮型能強調五官的優點，並調和不理想的部份；像是瀏海的長度到眉毛的髮型，可以襯托美麗的大眼睛；相反地，有雙下巴的人則要避免將頭髮線條牽引到下巴處，讓人更注意到雙下巴。

染髮顏色需要適合妳的「皮膚色彩屬性」

一定要想到染髮的顏色是否能和妳的臉色相襯？千萬不要染了一個不適合妳「皮膚色彩屬性」的頭髮顏色，讓妳每天看起來氣色暗淡；浪費錢事小，花更多工夫修補事大。

讓設計師成為妳的教練

頭髮剪燙好以後，可以請設計師帶著妳做一次吹整，將步驟牢牢記住，並在設計師前面演練，才能保證往後的每一天妳都能維持美麗的髮型。

小心髮型地雷

謝絕任何會遮住眼睛的髮型

當人看不到妳的眼睛，無法感知妳的眼神，就會降低對妳的信任度。

謝絕需要不斷撥弄的髮型

需要不斷撥弄頭髮以讓它不掉下來的髮型，不但影響到工作效率，也影響到與他人溝通的專心度。有趣的是，此動作會造成男士朋友以為妳在「誘惑」的誤解。

謝絕不潔淨

每天清洗才能乾淨舒爽，油膩感、頭髮味、頭皮屑都會造成別人對妳的負面觀感。

讓妳的髮型任何時候都美美的

常見到留長頭髮的女人圖一時方便，隨便紮起頭髮；沒紮好不但不美，還會給人慌忙邋遢的印象。

彩妝是搭配時的必修課

建議每一個女人都要學習彩妝技巧，好的彩妝技巧不但讓妳擁有怡人甜美的好氣色，還可以幫助妳強調五官美麗的特色。當妳有了基礎彩妝技巧以後，每季流行的新彩妝技巧，就很容易被轉化為適合自己的方法；反之，若妳沒有任何基礎，對於新的彩妝技巧只能模仿上妝，但是依樣畫葫蘆的結果，卻是不像自己或看起來虛假的妝感！如果沒有上課學習的管道，百貨專櫃的彩妝師是可以利用的捷徑；只要購買產品，就可以請彩妝師教導妳如何化上去，這是互惠互助的好方式哦！

美麗彩妝須知

依「皮膚色彩屬性」找到妳的彩妝品顏色

請務必選擇妳「皮膚色彩屬性」的彩妝顏色。適合妳的彩妝顏色，讓妳以最少的彩妝就能創造出最自然、最晶瑩剔透的效果；不適合妳的彩妝顏色，則會讓妳看起來像是裹了一層粉似的，不乾淨且不自然。

依「產品品質」決定妳的彩妝品

由於彩妝品是用在妳臉上，因此彩妝品的選擇要品質至上，千萬不要讓今日的美麗成為明日的負擔。

依「實際狀況」選擇彩妝工具

彩妝工具五花八門，功能也很吸引人，可是大部分女人買回來的工具，有一半會束之高閣完全隱沒。因此建議妳：只擁有真正需要、並且會真正使用的工具就好；讓彩妝包、彩妝台保持乾淨實用，就如同妳的衣櫥一樣簡潔有效率。

簡易迷人的3分鐘太陽妝

每年流行的彩妝技巧與方向不同，如果妳學不會時髦彩妝的化法，也不確定自己是否適合這麼複雜而流行的彩妝，建議妳可以學習學院專為忙碌的職場女性設計出來的三分鐘「太陽妝」。「太陽妝」的技巧簡易，已經幫助上萬學員在極短的時間內，就能擁有彷彿才經歷過和煦陽光滋潤過、健康自然、充滿快樂能量的紅潤好氣色；就算是彩妝高手，一旦接觸過學院的「太陽妝」也會愛上它。最棒的是，不管妳是哪種臉型，都適合「太陽妝」，再也不必為如何修飾臉型的化法而傷腦筋了，因為「太陽妝」的最大特色就是導引出妳天然的健康氣色，而不做過度矯飾。

「太陽妝」步驟

・粉底：在基礎保養之後，均勻地塗上粉底。

・蜜粉：再上一層薄薄的蜜粉定妝。

・眉毛：用接近眉毛自然毛色的眉筆，順著眉形畫眉毛。

・腮紅：對著鏡子微笑，找出顴骨，順著顴骨刷上薄薄的腮紅，再帶到一點鼻子，然後回刷到顴骨至眉尾，有一種喜上眉梢的歡樂感，最後在下巴輕輕點一下，就完成了「太陽妝」的精髓。

・口紅：選擇適合妳「皮膚色彩屬性」的自然色系唇膏或唇蜜，就大功告成了。

小心彩妝地雷

· 不化妝。

· 粉底太厚或太白太暗。

· 眉型不自然、顯著高低或粗細不均。

· 眼影過豔、眼影或眼線暈開。

· 假睫毛太長、太濃密、太捲翹。

· 臉部和脖子間出現「色差」。

· 兩頰腮紅過紅、腮紅的位置或顏色不
　均勻。

· 口紅暈開或局部脫色。

· 脫妝後臉泛油光。

Beauty Mission

讓「葡萄串」的購衣概念帶妳逛街去

美國名服裝設計師Donna Karen，在90年代的某季新裝上市時做了一項創舉：有別於將當季新款服飾掛在百貨公司展示架上，她將專櫃佈置得像家的一個溫馨角落，並放了一座木櫃衣櫥，在衣櫥裡掛著當季新款服飾---每件服飾彼此之間都可以相互搭配。Donna其實要表達的，是大都會職業婦女的心聲與夢想生活的方式：就是讓忙碌的自己擁有一個精簡、精確、精緻的衣櫥，不需要花太多時間做搭配，隨便一抓，就能穿出活力、美麗、專業的每一天。

至於要如何擁有一個彼此間可以相互支援搭配的衣櫥？我想介紹大家「葡萄串」的購衣概念：

步驟1. 先挑出主軸服裝

葡萄要長得好，葡萄的主莖要夠硬夠粗，才撐得起圍著它長出來的一顆顆葡萄。而每個場合中最重要的衣服就如葡萄主莖，在這裡我稱它為主軸服裝。例如，上班衣服裡，妳得先準備一套非常棒的套裝，也就是妳上班場合的主軸服裝。這套套裝要剪裁佳、質感高，讓妳穿起來信心百倍；款式要簡單不花俏、搭配性高，讓妳可以輕易地搭配其它服飾，並且即使常穿它，別人也認不出是同一套。

步驟2. 所有服裝都要圍繞著主軸服裝走

當妳選好最適合妳的主軸服裝後，緊接著要挑選的就是
能和此服裝搭配的服飾。就像沿著主莖生長的葡萄一
樣，這些服飾彼此之間要能緊密相互關聯。例如，妳選
擇一套深藍色套裝，接著就可以選擇6～8件可以與之搭
配的內搭，為此套套裝創造出6～8種不同的穿法。此
時，再根據套裝與內搭的搭配，選擇可以與之搭配的配
飾如絲巾、項鍊、皮帶、包包和鞋，如此，第一套上班
服飾葡萄串就建立好了。

當然妳可以沿著相同概念，進一步挑選第二件裙子或長褲，
它能和原有的深藍色西裝外套搭在一起，並且和之前挑好的6～
8件內搭相互搭配，如此就能將第一套上班服飾葡萄串的功用再往
外擴散出去。

服飾「葡萄串」的觀念讓妳每一次的採購，都能和原來的「葡萄串」
衣服串連在一起，讓衣櫥裡的衣服相互搭配性高，可以說是「少即是多」的搭配
方法中最高明的秘訣。

Chapter

妝點精彩配飾
創造照亮自己的「點睛品」

女人的性感不只體現在華麗的外表，這樣的美麗是短暫的，
真正的性感是一種味道、一種人格魅力、一種大器和特有的智慧。

～by兩岸知名影后 李冰冰

大方展現身為女人的性感和感性，
為妳的每一段精彩人生留下最美好的印記。

配飾是視覺暫留的「點睛品」

每次想到鳳飛飛，就會想到穿著褲裝的她，頭上大大小小各式各樣的帽子；事實上鳳飛飛剛出道時，對於如何在電視幾百位歌星中脫穎而出煩惱很久；她知道歌手要在觀眾之心中留下深刻印象，除了歌要唱得有特色外，「造型」也十分重要。不過不諳搭配的她，總是不習慣戴著長長的假睫毛，化上濃妝與穿上紅紅綠綠的亮片禮服造型。在她閱讀過幾本外國服裝雜誌，發現模特兒穿著輕便的襯衫、褲裝與平底鞋，淡雅的打扮給人舒爽的感覺後，她決定要自己嘗試。於是在一次偶發的靈感中，她戴了一頂配合褲裝的黑色鴨舌帽上台唱歌，清新的造型引起許多人的注意與好評，讓她有別於其它女歌星，顯得親切自然令人喜歡；自此，「戴著帽子的鳳飛飛」就成為她最獨特的招牌特色了。

在美麗的花園裡，妳會因為一隻張著翅膀飛啊飛的瓢蟲，停在某一朵花上而特別注意這朵花的美麗；相同的，在不同的場合中，妳可以為自己創造一道別緻閃耀的光芒，成為全場最漂亮稱頭的女主角；而助妳一臂之力的，就是「配飾」！

配飾就像是妳的「點睛品」，它讓妳即使沒有開口說話，別人也會感覺妳身上有一道閃亮的光，為妳的形象提供「視覺暫留」的機會，讓對方多注意妳一些，甚至創造「一舉成名」的機會。有一些人甚至喜歡配戴藝術家或設計師的經典作品或具故事性的配飾，以創造話題成為分享討論的重點；甚至長期配戴同一類型的配飾，成為個人的品味象徵。

「配飾光點」閃耀妳的魅力

配飾能創造這麼好的用處，那麼我們要帶多少配飾才夠？有個有趣的實驗妳可以試一試：

請妳站在全身鏡前，將配飾一件一件披掛在身上，直到妳感覺到：配飾的光點過多而蓋住了妳本然的光芒，此時停住，並記住目前的樣子；隨後一件一件取下，直到妳覺得自己顯得黯淡無光的那一剎那，馬上停住，記住這個樣子；然後再一件一件慢慢加上，直到妳覺得亮得剛剛好，好了，這就是妳要的樣子！

妳會發現：相同「數量」的配飾在不同的服飾上，會產生截然不同的效果。配飾與穿著，唯有在搭配得剛剛好的時候，最能照亮妳、顯出妳的魅力。所以說，當妳穿著複雜時，配飾就要減量；但是當妳穿著簡單樸素時，適時增加幾件配飾就能馬上加強光圈效果，讓妳立即閃亮動人。

因此，沒有硬性規定身上總共需要多少件配飾，配飾的量必須跟隨著妳的穿著來做調整；下一頁是我很喜歡的「配飾光點指數」的計算公式，它可以客觀評估妳配飾的量是否恰恰好，大家不妨一起來數數看。

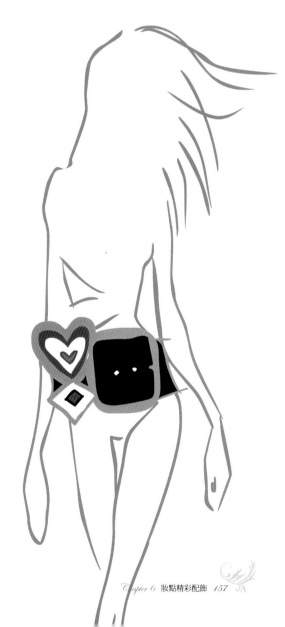

「配飾光點指數」計算式

請依照妳現在的穿著來計算：

衣服	顏色	有強烈的對比色塊，或是強烈鮮明的顏色 （例如全身都是大紅色、金色、銀色等）	一點
	花紋	有明顯的條紋、格子、印花、刺繡等	一點
	裝飾	有特殊造型的裝飾，如金釦子、荷葉邊、 蝴蝶結、貼邊、毛皮、亮片等	一點
	款型	特殊且引人注目的領型、袖型、裙型、褲型等	各一點
	其它	有穿外套、背心、披肩或大衣	各一點
		帽子、鮮明髮飾、鮮明的染髮色彩	各一點
配飾	臉部配飾	項鍊、項圈（太小則不算點數）	一點
		耳環（太小則不算點數）	一點
		胸針、胸花	一點
		眼鏡、墨鏡	一點
	身上配飾	絲巾、圍巾	一點
		腰帶、腰封	一點
	手上配飾	戒指（太小則不算點數）	一點
		手鐲、手鍊（太小則不算點數）	一點
		手錶（太小則不算點數）	一點
	包包與鞋	造型醒目的包包	一點
		強烈吸睛的鞋子	一點
		特色鮮明的襪子	一點

加總起來的總點數，代表根據妳目前的這個衣著，配飾所需要調整的方向：

- 一到二點：妳的穿著單調，需要更多的配飾搭配出亮點，否則會被淹沒在茫茫人海中，不被注意。

- 三到七點：配飾和妳的服裝搭配得剛剛好，既有光點效果、又不會搶掉妳本人的光采。

- 高於八點：妳穿戴得太花俏複雜，很容易讓人眼花繚亂。

根據這些點數，妳可以瞭解自己配飾的數量是否恰到好處。為了熟稔這項技巧，我建議妳至少連續21天做此測驗，學習每天配戴適量的配飾，直到成為妳直覺的感應為止。

女人一定要有的「配飾」好朋友

「巧婦難為無米之炊」，想要大展身手的總舖師總不能只有鹽巴和醬油兩種佐料，他必須將重點佐料準備齊全，才能變化出一道又一道的好菜！所以，妳的衣櫥除了準備好妳的「戲服」外，也要有能讓這些戲服發揮亮麗的好朋友，也就是「配飾」。這些「配飾」好朋友不但能讓相同的衣服呈現不同的個性，也讓女人的穿衣造型更有趣。有人說：「戀鞋的女人總有戀愛談。」我則認為：「戀配飾的女人總像在談戀愛。」因為女人只要一拿起配飾就啟發了創意細胞，開始嘗試各式各樣的搭配方法，而當搭配出色產生明亮的光點時，所創造出來的喜悅就像談戀愛般的滿足。現在，就讓這些配飾啟動妳的戀愛細胞吧！

臉部配飾：創造明亮光澤的臉龐

臉一亮，就容易吸引別人的注意與親近；而項鍊、耳環或胸針，是最容易幫妳打亮臉龐的首飾。

項鍊

項鍊在臉的下方將臉捧起來，讓臉特顯突出明亮。項鍊種類很多，以功能可分成「萬用項鍊」和「造型項鍊」。

‧萬用項鍊

簡單大方的萬用項鍊如單鑽項鍊、珍珠項鍊、簡單的墜飾項鍊，以及單圈項鍊……等，可以安全不出錯的搭配所有的衣服。低調的萬用項鍊雖然無法讓妳成為眾星拱月中的月亮，卻絕對是一顆閃亮的星星。我的學員Lily是一家公司的發言人，平日嫌戴首飾累贅的她，會在辦公室抽屜裡放一串10mm的珍珠項鍊，每當媒體去公司採訪、臨時開記者會或參加董事會時，她就會戴上這條項鍊，讓自己在眾人面前看起來專業又典雅。

‧造型項鍊

像是項圈、寶石項鍊、串珠項鍊……等。它可以讓整體造型時髦大膽、鮮活起來，也可以成為「主角單品」，展現個人的鮮明特色。

不過要提醒妳，項圈與短的大項鍊比較適合脖子修長的人；脖子短的人若要配戴，搭配低領的服裝才會好看哦！

耳環

耳環猶如兩盞「鎂光燈」，因為它的位置恰好在眼睛的兩側，和眼睛的光芒相互輝映，戴的好可以讓妳的眼神美麗閃爍。而且耳環緊貼著臉龐，在視覺上也形成五官的一部份，可以達到協調或強調五官的效果。

・萬用耳環

簡單經典的萬用耳環如單鑽耳環、珍珠耳環、或簡單幾何形狀的金／銀耳環如圓釦耳環等，絕對是妳生活的絕佳伴侶，無論上班休閒皆適宜。在此與妳分享一個萬用耳環的智慧故事：有一次有一位企業家長輩告

訴我，這20年來她只戴一副Cartier耳環。她說：「我每天的時間都被分配得剛剛好，沒有多餘時間思考服裝搭配這件事，所以我買了這副耳環。這副耳環雖然貴，但是20年來我每天都戴，已經成為我最便宜的首飾了。」這就是這位企業家在忙碌中依然可以維持優雅形象的秘密，她將企業管理的智慧運用在搭配上：先找出對的事情與方法，然後重覆做；且讓一件昂貴的單品，因為一直重複使用，使得這件單品成為她CP（Cost Performance）值最高、最物超所值的首飾，值得我們咀嚼。

・造型耳環

像是大圓圈耳環、花瓣型耳環、羽毛耳環、珠鍊耳環、卡通小熊耳環……等，造型耳環的晃動帶來的趣味、活潑與快樂感，絕非其它任何首飾可以比擬的。

胸針

胸針是品味最難養成的「經典」品,其選擇、搭配與別法,都會讓妳的形象瞬間加分或減分!我認為胸針別得好的女人必定有很好的品味修練,因為胸針別的方向與位置很難拿捏;試想相同的套裝,胸針別在上領片、下領片或領片和衣服的交接處,都以不同的方式重組了衣服的線條比例。此外,我喜歡讓胸針融入衣服的設計元素裡,例如在花朵洋裝別上一款蝴蝶胸針,這件洋裝馬上就充滿活潑的躍動感。我也喜歡打破胸針別在胸前的既定印象,將它別在帽子或絲巾上,或是當成項鍊腰帶的裝飾等。

此外,宴會主辦單位常為來賓準備胸花。胸花也有如胸針,別的位置不對會破壞服飾的線條與美感,所以我建議妳儘量不讓別人為妳別胸花,若是盛情難卻,也要記得再到鏡子前面做必要的調整。至於別胸花時,有沒有什麼樣的位置比較不會出錯?建議妳別在胸部最高點至肩膀之間的1/2高度以上的位置,看起來會更有精神。

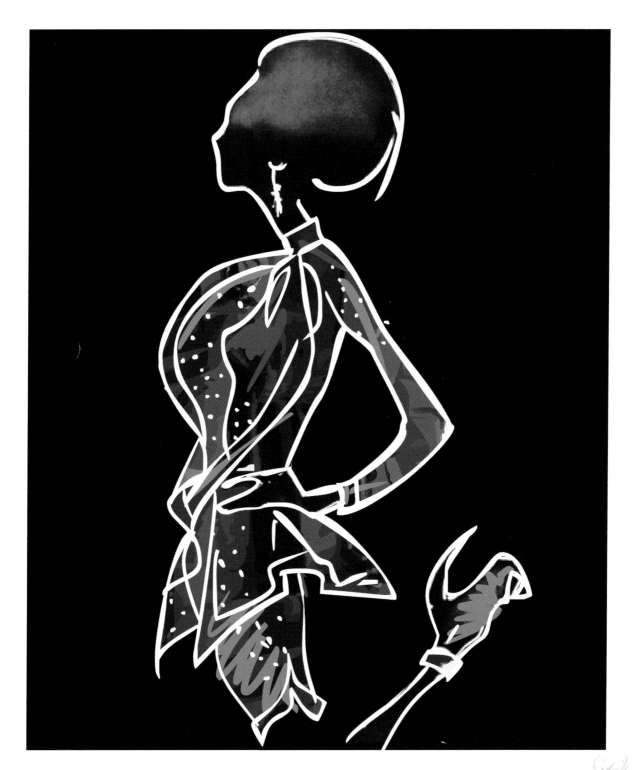

身上配飾：調整身體比例的點綴

運動、飲食、甚至整型都可以改變一個人橫線的比例（如胸、腰、臀的比例），但卻很難改變一個人的直線比例（如上身、下身的比例），此時除了衣服之外，絲巾和皮帶就是可以改變身材直線比例的大功臣。

絲巾

絲巾是可以改變上半身比例的單品。上半身分成頭到胸的上半段，以及胸到臀的下半段。當妳上半身的上半段比下半段長很多時，可以繫上絲巾並打上華麗的花樣，讓視覺集中在妳的上半段，因此也讓上半身的上下兩段比例更為均勻。相反地，當妳上半身的上半段短、下半段長時，絲巾就不宜做太複雜的結法，讓它細細垂掛至腰部，如此妳的上半段就會顯長；或者將絲巾繫在腰上，下半段看起來也就不會這麼長了。

我們最常用到的絲巾有：小方巾、長絲巾及大方巾。小方巾可以結在包包、帽沿上，或是繫在脖子旁，無論是平結、牛仔結或打出一朵花，都很俏麗。長絲巾與大方巾因為夠大，可以當披肩，可以圍住臀部創造「飾裙」的效果，或是當腰帶，甚至可以偽裝成「衣服」，放在外套裡面成為內搭；將兩條大方巾結

在一起，還可以製造出洋裝或上衣的效果。由於絲巾呈現的風貌多元，建議妳多學一些絲巾的打法，讓它為妳的晚宴增添飄逸或華麗感，為妳的上班服飾創造優雅明亮的色彩，而當妳穿著襯衫牛仔褲時，絲巾也能化身為帥氣中帶著浪漫的fu~。

至於冬日絕對不可少的圍巾，可以為妳灰濛濛的造型增添鮮豔的顏色，讓妳整個人亮起來；而想看起來更高更瘦的人，可以選擇細長圍巾，披掛下來長於腰的位置，會有很好的長高變瘦的效果。

腰帶

腰帶是為妳創造活力的造型好朋友，當妳覺得今天穿著單調，繫上腰帶馬上為妳注入活水。腰帶也是改變上下身比例的功臣：腰帶繫上面一點，或者選擇與下半身同色的腰帶，妳的腿馬上就變長了；繫下面一點，則讓腰身比較短或胸線比較下面的佳人多了可以呼吸的空間。此外腰帶也是上下身造型的橋樑，當妳的鞋子和身上的衣服無法搭配時，選擇和鞋子同質性（同色系、明暗度類似或質感類似）的腰帶，就能為整體造型帶來和諧感。

‧中性色腰帶

中性色腰帶是職場佳人上班穿著最佳伴侶，不管妳選擇哪一種中性色，請盡量選擇材質好的腰帶，因為材質好的腰帶帶著貴氣，繫在身上馬上讓妳的衣服貴起來。另外，它還能為中規中矩的上班穿著注入良好的品味與精神活力。

‧鮮豔色腰帶或腰封

鮮豔色腰帶讓妳的造型突出有型。若是參加晚宴時，可以選擇配戴腰封，不但可以突顯纖細腰肢、豐滿胸部、增加腿長的效果，並且馬上帶來華麗的晚宴感。

手上配飾：傳遞內心感情的非語言表達

手，會說話。手自己本身的表情與方向就傳遞了主人內在真正的聲音，例如：當一個人說請向右，可是手卻指著左邊的時候，我們都知道要相信的是左邊，因為手不會說謊；當手緊握或環臂抱胸的時候，整個人是緊張防備的；當手一放鬆，整個人也就跟著放鬆，所以我們一躺在床上，讓兩隻手成大字型的時候，妳也很快進入夢鄉。

一個好的溝通者總是知道如何擅用手來強化他所要傳達的訊息與感情，因為每一隻手指都是一個眼睛、一個意向。例如開會或上台講話的時候，手之所向也就是說話者關注的方向，所以當我們將兩手以Ｖ形往前伸出，整個會場的人就被妳囊括進來，感受到妳此時內心所散發出的情感。我非常鼓勵手漂亮的人、手勢漂亮的人、或能擅用手勢的人，多利用手上配飾強化個性與品味，讓妳盡顯無限魅力。

戒指

戒指予人一種代表權力、誓約的象徵，將戒指當成「重點配件」的女人，都能傳遞出自信、有個性的吸引力。而且這些女人都知道：戴大的戒指很有power，而且戴在不同的手指有不同的感覺；像戴在拇指很有力量、食指充滿個性、中指代表肯定、無名指比較女性化、小指則顯得可愛俏皮。當然妳也可以多戴一枚戒指，例如食指、無名指各戴一枚，或嘗試只套在手指前1/3位置處，讓不同的戒指戴法加強妳的手部魅力，增添妳的個人特色。

手錶

手錶是我最愛的配飾,它兼具報時的實際功能與手環的裝飾功能,因此我喜歡收集不同的錶款。手錶很容易洩露一個人的個性和生活,像喜歡戴運動錶的女人八成是個率性、重視休閒生活的人;喜歡戴男錶的女人,多半直接俐落、獨立自主、有想法;喜歡戴珠寶錶的女人,則纖細浪漫、舉止優雅,表示她是個高貴有女人味的女人。

手鐲

包含手環、手鍊等不同形式的設計。不管是長輩贈送的紀念品,或是另一半給的定情物,或是自己買給自己的禮物,都是非常棒的收藏。但是配戴手鐲時一定要注意場合:晚宴或休閒場合可以盡情展現,無論是珍珠手環、鑽石手環、珠寶鑲花手環、皮製休閒手環,或是像吉普賽女人喜歡配戴的十幾支手環,都會讓妳呈現不同的美貌。但是在工作場合就不適宜出現叮噹作響或會上下滑動的手鐲,當妳一使用電腦或在桌面書寫時,就會發出「ㄎㄡ」的聲響,非常尷尬。

包包與鞋：品味挑剔的智慧結晶

想讓自己品味高雅出眾，精彩的包包和鞋子不可少！包包和鞋子是女人品味的集大成，曾經有一位名牌服飾店的經理跟我說過，他在判斷客戶的品味層級與購買潛力時，並不是從衣著，而是觀察她的包包和鞋子，因為包包和鞋子的挑選與搭配難度遠勝於穿衣服。所以，如果一個女人能注重包包和鞋子的款式與品質，並搭配得很好，表示她有一定的品味深度。

包包

我有一位品味出眾的學員，她給自己一年只買一只包包的規定，正因為一年只能買一只，所以她會精挑細選出她最喜歡又最適合的包包；而這也正是我對女人的建議：盡量在能負擔的範圍內，購買品質最好的包包。

以下是女人一定要擁有的三個包包：

‧上班包

陪伴妳每天上班的包包，必須根據實際的工作需求購買，例如需要放置電腦、

文件夾、化妝包、手機等功能的考量。並且就如衣服需要試穿，包包也需要試帶：請將電腦和文件夾放進去，感受提揹的重量、文件拿取的方便性，以及包包會不會變形等。而上班包包的款式應簡單大方，如果妳不諳搭配，建議購買黑色、深藍色、灰色、咖啡色、深棕色、駝色、米色等中性色最符合一般人對「專業形象」的期待，同時也能和衣櫥裡大部份的衣服搭配。

‧逛街包

逛街時，請放下上班的嚴謹心情，換個有趣造型的包包吧！例如造型感強的包、流蘇設計的包、或是浪漫的印花包等。而當妳選擇逛街包時，也別忘了試裝妳逛街會攜帶的東西，如手機、錢包、鑰匙、筆記本、洋傘等行頭，取物方便又不會太重，並且當這些行頭裝進去時，也不會造成包包變形，是妳選購的不二法則。

‧晚宴包

參加晚宴最忌諱穿著套裝提著公事包前來。若沒有時間換晚宴服，至少加條項鍊、換個晚宴包，就能為妳增添宴會感；因此每位佳人都要準備一個晚宴包，像香奈兒包、信封包、緞布包、珠包等，都是為晚宴營造浪漫與華麗的魅力單品。

鞋

走在馬路上我喜歡看女人腳下的那雙鞋！鞋子設計師已經不單鍾情於鞋面設計，更將建築的概念運用在鞋跟上，如巴黎鐵塔跟、竹節跟、金屬跟、兩個圓堆疊一起……等。至於鞋底的設計就如女人的內衣---雖然大部份時候別人看不到，可是它們所創造出來的美麗秘密，卻能讓女人興奮。女人知道自己穿上了這麼一雙鞋，會讓我們整天心情飛揚，或當我們無意間一瞥別人紫色鞋下的紅色鞋底，也會有種發現秘密般的雀躍感。

女人一生到底要有多少鞋？慾望城市（Sex And The City）女主角凱莉‧布瑞蕭（Carrie Bradshaw）在嫁給Mr. Big時，他們所看上的新居裡就有一間專門收藏鞋子的房間，可以裝下凱莉上千雙鞋子。我想，那是所有女人的夢吧！女人戀鞋，男人永遠不懂；但是若妳能觀察到當女人穿上不一樣的鞋，走路的氣勢完全不一樣---因鞋而走得更性感、更優雅、更飛揚或更自在，此時妳才會深深感受到：一雙鞋子竟能如此徹底改變一個女人的心境與行為，真是太神奇了。

東方女性偏向於選擇保守的鞋款，很難突破色彩和形狀的束縛；因此，當我的學員們因為上完課，願意突破黑色與咖啡色，勇敢嘗試紅色、藍色、紫色等過去不敢嘗試的鞋子時，我真心為她們感到高興。因為鞋子其實是形象上最後一個束縛，當女人可以去掉對於鞋子款式的束縛時，就能更輕易的去掉衣服款式的緊箍咒。

以下是職場佳人的必備鞋款：

‧包鞋

包鞋是職場佳人的最佳伴侶，妳可以選擇1吋至2吋左右高度的包鞋，並且在試穿的時候沒有壓迫束縛感，才適合長時間穿著的需求。此外還有半包鞋，像是露腳趾的魚口鞋或前包後露的鞋款，讓女性在專業中微露一絲性感。至於前空後也空的鞋款，如高跟涼鞋、拖鞋，都不適合職場穿著。

‧晚宴鞋

嫵媚、性感、華貴，是選擇晚宴鞋的指標。如鑲滿水鑽的高跟鞋，或是有高級絲緞的高跟鞋、精緻的麂皮高跟鞋、性感的繫帶鞋或鞋面雕花高跟鞋等，都是晚宴鞋的代表；當妳穿上美麗的晚宴鞋，從內心深處就會覺得自己是最佳女主角，連帶著在說話、肢體上，也會變的更加動人。

‧馬靴

馬靴是冬天最好的選擇，不只具有保暖防雨的功用，它還為女性的柔美增添瀟灑風情。妳必備的馬靴有長靴和短靴，其搭配的效果與方式也不同---長靴可以搭配裙子，或是將細窄長褲塞進長靴，這樣的穿法讓妳優雅與瀟脫並具；而短靴是長褲最佳伴侶，能為女人帶來帥氣與活力。若妳的腿不長，穿著短靴＋裙子的時候，請同時穿著和短靴同色的毛襪，如此就不會讓腿的比例被切成裙一截、腿一截、靴一截的窘況。

Perfect Image Q & A

Q：首飾珠寶一定要買「真品」嗎？

A：對我而言，珠寶的真假並不重要，重要的是，它對妳的意義是什麼？

‧如果妳戴真的，因為它讓妳快樂，那麼請買真的。

‧如果妳戴真的，因為它讓妳覺得自己漂亮而特別，那麼請買真的。

‧如果妳戴真的，因為它讓妳變得很神氣或高貴，那麼請買真的。

‧如果妳戴真的，因為它讓妳更具信心，那麼請買真的。

‧如果妳戴真的，因為妳欣賞它精細的質感與光澤，那麼請買真的。

‧如果妳戴真的，因為妳的工作或社交場合需要，那麼請買真的。

讓配飾展現妳個人真正的價值

妳需要買昂貴的配飾嗎？配飾越貴越能襯托出自己的身份嗎？

我認為配飾的價格與身份地位無關，與妳有沒有經濟能力無關，更無關於妳是個虛榮的人或節儉的人。我有一位參加【逛街課程】的學員，Margaret，是一位知名國際會計師事務所的資深會計師，也是個惜物愛物的虔誠佛教徒。以她的身份及賺取的金錢，大可全身穿戴炫麗，也可以買得起任何的名牌，但她的穿著打扮卻是極其低調、簡樸，她一直認為：外衣是工作的工具，樣子稱頭、數量足夠就好，不需豪奢。

直到她升任合夥人的第三個月，我們共進午餐也討論了該季的採購清單。

她開口：「我需要換掉原來的衣服。」我問她：「衣服狀況還很好，為什麼要換掉呢？」

她說：「老師，我需要看起來……」她停頓了一下，試著搜尋適合的字眼。然後她說：「我需要看起來『高貴』一點！」

此時，她還將雙手張開在臉的兩旁，來強調「高貴」這兩個字，這下子我也狐疑了，為什麼一向樸素低調的Margaret突然想變「高貴」了呢？

她進一步解說：成為合夥人之後，她發現客戶對她的期盼不一樣了。前一個月去美國與其它會計師開會，當她把名片拿出來時，無論是誰都會瞪大眼睛，以不可思議的口氣說：「這麼年輕的合夥人……」至於其它有合夥人地位的會計師們，也將她當成晚輩會計師。此外她也觀察到，這些合夥人，特別是女性，都穿著「高貴服飾」，戴著寶石、鑽戒或名錶，讓原來就比較年輕的她，跟她們站在一起時顯得很沒有份量。

這下我就懂了，於是我們共同列出採購清單：

・需要升等的、有墊肩的套裝。

・名牌公事包，並且一定要一眼就看得出品牌。（她說：「因為我的客戶多半只看得出大名牌。」）

・一串10~12mm的珍珠項鍊。

・鑽戒，一看就知道是頂級的。（她說：「因為客戶眼睛都很尖。」）

之後我們花了比平日多的時間，可是很成功地達成使命。現在全新的、高貴的Margaret幾乎每一天都戴著她1克拉的上等鑽戒，這只切工細緻、鑲嵌完美的鑽戒，在Margaret的手上散發出最耀眼的光芒，讓她在優雅中存在著高貴，在高貴中顯出威儀；最重要的是，讓她跟其它會計師、大客戶站在一起時稱頭多了。

這就是「真品」的意義！當我們能從更寬廣的角度來看待「真品」這件事，而不冠上任何虛榮、浪費的帽子，「真品」的確可以成為妳在職場或社交上最棒的武器之一，就看妳如何用「它」。

Beauty Mission

購買配飾的正確逛街法

購買配飾時，包括手錶，手鐲、戒指、眼鏡，甚至鞋子，一般人
的習慣是穿戴上去以後，只看這個配飾好不好看，或看穿戴的相關
部位好不好看，例如戴了戒指的手好不好看，穿上鞋子的腳好不好看，
或戴上眼鏡的臉是否迷人等。

事實上，大家不要忘了：配飾再好看，或者妳的手或腳或臉再好看，它們仍然
只是「全身形象」的一部份。戴在手上、腳上或臉上好看，未必讓「妳」這
個人好看，或者跟妳的整體形象符合。因此在購買此類配飾時，請務必照全
身鏡。照全身鏡讓妳清楚看到全身的自己，並感受這項配飾的款式大小與風格
跟妳的身材氣質是否契合。例如戴上眼鏡時，就要配合妳慣有的臉部表情照
鏡子；戴上戒指或手錶時，則要比畫平日的各種手勢動作照鏡子；穿鞋子一定
要起來走一走，並且在全身鏡前感受一下鞋子的風格跟妳的風格是否契合。如
此，妳才能正確判斷此項配飾是否完美融入妳的全身形象裡。

Chapter 7

打造精品衣櫥
衣櫥就是妳

時尚不是僅存在於洋裝上，

它存在於天空、在街頭；它與想法和生活方式息息相關。

～by時尚女王 香奈兒（Coco Chanel）

身為女人，我們追求時尚，更追求因為瞭解自己而誕生的時尚；

妳的美麗因妳而生，大膽追求吧。

讓妳的衣櫥載滿「能量」

高中死黨隔了二十年不見，終於要在同學會碰面了。

憶起過往求學過程中，擁有相同嗜好、相同想法、相同行動，總被人誤以為我們是親姐妹的死黨們，碰面以後，伴著歡樂的尖叫、擁抱、寒暄、入座……，卻發現：原來很合、很類似的我們，因為彼此成長方向與速度的改變，逐漸拉大了彼此的距離；原本交流在彼此之間相似的能量淡了、遠了……當所有的記憶話題用完後，竟然找不到死黨們可以說的話，只剩下應酬。

就如磁鐵只能吸引鐵，人跟人的交流何嘗不是「物以類聚」？同類的人就是有辦法帶著「無線電波」散發能量，讓妳依循著看不見的能量找到彼此，成為好朋友、好工作夥伴、好情人、好伴侶。但是，一旦有人因為生活、環境、工作、思想的改變或成長，逐漸拉大與另一方的距離，就會發現：怎麼曾經看法如此雷同的人，開始產生分歧；怎麼曾經這麼合的人，感覺不對了；當彼此再也沒話好聊時，屬於妳們的這份能量也斷訊，接收不良了。

衣服是有能量的，衣服本身的能量與我們的能量也有合或不合、適切或不適切的關聯。妳一定有過類似的經驗：有件荷葉裙襬的細肩黑色小洋裝，伴隨妳參加大大小小不同宴會，它曾為妳帶來許多讚美，讓妳大方炫耀著自己的青春；不過後來，妳又買了另一件紅色削肩露背剪裁的設計師款禮服後，這件黑色洋裝就不再是妳唯一會穿的禮服，漸漸地妳忘了它，因此被收入衣櫥的深處；直到有一天，妳突然看見它，將它拿出來再穿在身上時，卻發現：這件衣服再也不好看了。此時，妳開始懷疑自己是不是變胖？變老？變醜？妳選擇將這件衣服掛回去，告訴自己：「我努力減肥，我會再穿上它。」卻沒有想到這件衣服其實只是適合「當時的妳」，卻已不再適合「現在的妳」。

簡單的說，這些年來，妳可能結婚生子從小姐變少婦，妳可能晉升加爵從員工變CEO，妳可能轉換跑道從企畫變作家，妳的個性可能從一板一眼變浪漫多情……；當妳的環境、習慣、遭遇、工作、感情、身材、思考方式都不同時，那些往年曾經帶給妳美好的衣服能量，還能符合現在的妳的能量嗎？若我們不明瞭此能量道理，只會讓我們一打開衣櫥，就會自我感覺低落，更成為衣櫥爆量的原兇。因為妳不明瞭有一些衣服已經不再適合自己，所以總是告訴自己：「總有一天還會穿上它。」

我曾聽過能量領域裡的7年理論：能量每7年就會全然改變一次。我們身心靈的發展是個「更新進行式」，逐日更新、直到7年後徹底改變，妳再也不再是7年前的妳，也就表示：妳此時此刻身體裡面的細胞，已經和7年前的身體細胞沒有一個相同的了！從某個角度來說，我認為這是很積極正面的宇宙原理，因為我們身上的細胞每一天都在更新中，所以今天的細胞和昨日不同，明日的細胞和今日不同，只要我們決定每天往積極正面的方向邁進，那麼7年後，我們就會轉型成為一個完全不同的、更棒的自己！這不是很棒的想法嗎？

所以說，聰明的女人不會陷落在過往能量中，並且會讓她周圍的人事物都是符合她能量的人事物，包括衣服。就如同當我們周圍充滿符合我們能量的人事物的時候，妳會發現生活、工作、感情、家庭……所有的一切都很順暢；而當我們的衣櫥充滿符合現在能量，也就是符合此時此刻生活、工作、身材、風格、喜好、品味的衣服時，妳就會擁有無比的力量，每一天散發魅力與精彩。

所以，我給學員【衣Q寶典】課程回家的第一個功課就是「清理衣櫥」！學員們會把所有不適合自己「皮膚色彩屬性」的衣服，不適合「現在身材或風格」的衣服，不適合「現在身份地位年齡」的衣服，不好看的、許久未穿的、已經不愛的、他人送的卻不好意思丟的……全部讓它們「打包走人」。

「清理衣櫥」的過程就好像是「心靈大掃除」的過程，讓那些過往被牽制住的、被催眠的、被強迫接受的，全部清掃乾淨，掙脫被制約就能得到「重生」。而且妳會發現：當不適合妳的、妳不愛的、無法帶給妳喜悅的東西一件件減少，女人的自信、美麗、喜悅就一分分增加；妳會漸漸知道妳已經成為可以掌控所有人事物的主人，不再被它們制約的感覺，真好。

規劃有機、活力十足的精品衣櫥

想規畫一個有機、活力十足的精品衣櫥，請妳跟我這樣做：

步驟1. 清理現有服飾

不要為送掉衣服的行為感到愧疚，請盡情送掉或丟掉不適合妳的衣服吧！

若沒有先做好去蕪存菁的工作，把不適合的衣服先處理掉，妳會發現：人生一直花時間整理原本就不適合妳的東西，真是徒然浪費生命。至於如何去蕪存菁？建議妳：

· 那些不符合妳「皮膚色彩屬性」的衣服，請丟掉。

· 那些因為折扣時失心瘋買的，之後卻發現其實一點都不適合自己的衣服，請丟掉。

· 那些因為身材改變、年齡改變、身份地位改變，甚至心情改變，已經不再適合妳的衣服，請丟掉。

· 那些別人送給妳，卻從來不知道該怎麼穿的衣服，請丟掉。

· 那些放著超過二年以上，妳從來沒碰過的衣服，甚至吊牌沒剪過，請丟掉。

· 那些殘存過去的回憶，會讓妳傷心、痛苦的，更是要丟掉。

我有一位學員Susan是個美麗的理財專員，為了想在台北市買房子，即使她的收入優渥，卻對自己省吃儉用：過時或不合身型的衣服捨不得丟，已經變色的內衣繼續穿，抱著：「反正只要穿上套裝就看不到裡面」的想法，來遮住所有不稱頭的衣服；為了省錢，即使回家很累還是趴在地板刷洗，任勞任怨吃剩菜，但卻將最好的都給老公，直到老公有了小三……。當老公打包行李要出門去別的女人住處前，還跟她說：「雖然你很會賺錢，但是我在你身上看到的都是愁苦；而那女人賺的不如妳，可是她卻很快樂。」

歷經了這樣的刺激讓她決定徹底改變，於是參加【逛街課程】請我幫她重塑形象；我在帶她逛街採買的當時非常感動，因為：我發現她其實是個天生的名媛，當她穿上美麗適合她的新衣，名媛氣質傾洩而出，她的端莊大方、典雅浪漫，無一不美。

三個月後她約我喝下午茶，告訴我：「……老師，這堂課程改變的不只是我的外表，更是我的人生觀。以前，以我的訓練背景，任何事情我都要計算得非常精準才會有安全感，包括人際往來、工作績效、時間運用、購物是否物超所值……。所以不瞞您說，剛開始我很認真的拿起電子計算機來計算上這堂課究竟划得來嗎？直到我受到前夫的刺激，覺得只有改變，才是我唯一的「出口」，所以我決定來上課。這三個月來，我每天穿上老師為我挑選搭配的衣服，當我照鏡子看到美麗的自己的那一刻起，我覺得：我的人生脫胎換骨了，我看到的是值得愛、值得珍惜的那一個自己，而不是汲汲營營、精打細算的女人。我的每個表情、每一吋肌肉，都因我的改變而放鬆，它們所展露出來的面貌是我從來不曾見過的，也為我得到人生中最多的讚美。而且，老師你知道嗎？我的前夫竟然又回來找我！可是好奇怪哦！我現在已經覺得他再也配不上我了……。我好滿意現在的自己，如果我當時沒有做這個改變，我恐怕還陷落在自艾自憐裡，永遠翻不了身！」

賢淑的女人不一定得到幸福，因為幸福是屬於智慧女人的。我發現許多女人常一遇到命運不順遂、感情不好、事業阻礙時，就會以改姓名的方式來轉換自己的命運、或搬離他鄉以逃離痛苦記憶。但是我的好朋友Amy，也是我在美國求學時的好友，卻以處理衣服的方法來做為自己生命的轉換。還記得Amy跟男朋友傷心分手時，她將整個衣櫃的衣服全部賣掉、丟掉，因為這些衣服都會讓她想起過去那段不開心的感情，她想要重生，最快的方法就是換掉衣服。反觀中國人處理感情的方法，卻是帶著所有的衣服遠離她鄉，卻又在不同的地方，繼續吞蝕著舊感情的回憶；現在，妳應該為自己做點不一樣的。

步驟2. 為留下來的服飾做健檢

在清理衣櫥的同時，妳更應該讓決定留下來的每件服飾都是 "Mr. Right" ---當下拿出立即可穿；而不是事後還需要燙、需要縫補、甚至是需要修改。想想生活如此匆忙，在最後一刻終於決定今天要穿的一套，卻發現它竟然有一塊明顯的污漬、或者拉鏈壞了，豈不是完全白費心機，令人懊惱不已嗎？現下趕快將所有留下來的服飾仔細「診斷」一番，將該縫的、該補的、該改的、該洗的、該燙的，都做「修復計畫」。如果當下有時間處理，就趕快把所有需要修復的服飾都拿出來一次搞定；如果當下實在沒空，建議妳記在筆記本裡頭，安排時間進行衣物的修復工程。雖然費一番功夫，卻為往後的生活帶來無窮方便，絕對值得。

除了衣物之外，配飾也要記得整理---帽子、皮包、腰帶、手套、襪子、鞋子、絲巾、首飾，也以同樣的過程加以過濾。為服飾做健檢時若發現難以修復如新、但卻常需要穿戴或非常喜愛的服飾，請馬上寫在「採購清單」上添購補替。

步驟3. 有系統地吊掛、擺放

妳一定注意過精品店的衣服吊掛方式，不但一目瞭然、方便拿取，並且讓這些衣服看起來很有價值。可是我們的衣櫥常常像倉庫，裡面的衣服無法馬上一眼閱覽清楚，甚至每天花精力翻找、卻還是無法拿到自己想穿的。其中差別在哪裡？就在「吊掛的方式」！

做好吊掛分類

· 大分類：將「春夏」與「秋冬」，或天熱與天冷的服飾分開吊掛。

· 中分類：再以款式做分類，例如外套類、襯衫類、裙子類、長褲類、洋裝類……將同一類的衣服吊掛在一起。

· 小分類：同類的款式再依顏色、圖案，正式、休閒，或厚薄的性質做出區分。例如襯衫類裡，所有白襯衫掛在一起、黑色的在一起、鮮豔的在一起、印花的在一起；裙子類裡，上班的在一起、休閒的在一起……等。

此外，吊掛的次序邏輯很重要。請先將方便拿取的空間獻給常穿的衣服，並依照妳平日選衣搭衣的習慣按順序吊掛，例如下身類要緊鄰上衣區、而非緊鄰洋裝。倘若妳的上下身服飾離得很遠，妳每天站在衣櫥前選衣穿衣的時間會拉長，因為妳無法「順手」或依「順性思考」來搭配，就會阻礙效率。

還有我喜歡將套裝的外套和裙子分開吊掛，大部分的品牌服飾也是同樣的處理方式。因為如果套裝的外套裙子掛在一起，妳會發現一輩子可能就只有一種穿法；而當妳分開吊掛時，就會發現：原來這件外套還可以搭配另一條格子及膝裙、直筒九分褲……一件外套忽然增加好幾種穿法，它的「身價」也立即水漲船高了。

衣櫥整理小秘方

・衣櫥要保持乾淨清新

定期擦拭除塵，定期除溼乾燥，才能讓衣服保持清新沒有霉味。若衣櫥本身有附加全身鏡，也要定期擦拭乾淨，才能照出最全然亮麗的妳。

・燈光要明亮

昏暗的燈光讓妳看不清楚衣服的原貌，不但造成選擇失誤也沒有效率；要選擇不會傷害到衣料的燈光。

・統一衣架

清一色統一衣架讓衣櫥看起來更整齊、更高檔；較重的外套要用寬版衣架，肩膀處才不會變形。

・不超過80％的飽和度

衣服與衣服之間要保持距離。擠壓擁擠的衣櫥，不但衣服易皺、也讓衣服的纖維無法呼吸，破壞衣服品質。

・像精品店的吊掛

衣服吊掛的方式要像精品店，例如襯衫的釦子要扣起來，並朝同一面吊掛，才會看起來井然有致。

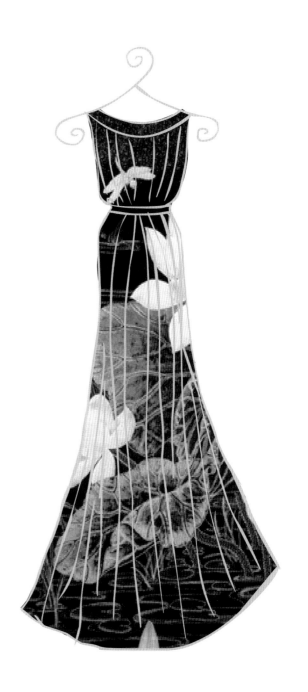

步驟4. 為妳的服飾做搭配

現在，妳的衣櫥已經整齊而系統化了，妳可以開始充當紅娘，為所有的服飾進行一場「配對」的遊戲。這場遊戲該怎麼玩？我來交換一下學院在【逛街課程】裡的作法，程序是這樣的：

首先，學院的課程顧問會把所有在【逛街課程】裡買的衣服，依照前述的步驟3將衣服分類---上衣和上衣、裙子和裙子、外套和外套⋯⋯有系統地吊掛在學院的衣桿上。我們的目標就是要將這些好貨一一做好搭配，變成日常實用的美麗造型；畢竟好貨如果沒有發揮它的CP值，它就只是一件好貨、只有一個用法，浪費了好貨的價值。

接著，我會根據「主角單品」為所有的服飾進行「配對」，例如：「主角單品」是西裝外套，我會把所有適合這件西裝外套的裙子、長褲、上衣、洋裝拿出來一一搭配，然後請學員像模特兒一樣穿上去，再搭配適合的配件、包包和鞋子，完成一個整體的造型以後就拍照起來；依此類推，直到所有的衣服都能找到它的理想伴侶。通常我們一年會做兩次的採購與搭配，每次約買15-20件衣服，搭配出30-40種造型，也就是平均每一種造型可以穿個6次，衣服不多卻能創造新鮮感，妳可以想像學員們有多麼高興！

之後我們將這些照片洗好以後，依照該名學員實際的生活需求製作相簿，有時候會以場合---上班、休閒、宴會⋯⋯做排序，有時候則以「主角單品」---西裝外套、洋裝、長褲⋯⋯排列；這樣的相簿她有一本我也有一本，未來當她碰到任何穿著上的問題，或是新買了一個包包想要知道跟哪些衣服可以做搭配時，這本相簿就成了我們的溝通聯絡簿。許多學員告訴我：她們因為有了這本相簿，她們不再煩惱該怎麼穿，並且每天都能看見美麗的自己而開心不已。我心

中很為她們高興並也深深地祝福她們，因為當她們這一年天天照著相簿穿，一年過後她的品味、標準已經養成，未來她所買的衣服就會依照這套標準持續進行，心中也不會有任何的雜音了。

這樣的程序我希望妳一定要這麼做，千萬別嫌麻煩，況且這個遊戲完全免費，又花不了妳多少時間。（只要想想每天這樣累積下來，要不了幾次，就會讓妳突然像抽中百貨公司的禮券一般，多出好多套「新衣服」。）而搭配的記錄（字面或圖片的紀錄皆可）更會成為妳匆忙時刻的定心丸，短時間內穿出創意、穿出得體再也不是難事。

步驟5. 列出衣櫃新成員採買清單

在妳的衣櫥裡，可能會有某件單品，找不到它理想的伴侶。例如有一條裙子，始終找不到合適的上衣；或者一件心愛的洋裝，永遠都缺少可以搭配的鞋子。對於這些缺了另一半的「孤家寡人」，務必要認真為它們做一張採購清單，上面記錄著：「某某裙子，缺襯衫一件」，或者：「某某長褲，缺外套一件」。妳也可以將這些落單的裙子或長褲的布邊小心地剪一小塊下來，貼在卡片上，以便在為它挑選速配伴侶時做色彩與質感上的參考。

在【逛街課程】中，我會為一般客戶規劃一年兩次的採購計畫，有頻繁社交需求的客戶則是一年四次。一年兩次的採購計畫適合大部分的人，妳可以在每年二月的時候（最遲三月）整理並規劃出春夏衣櫥，看妳現在有什麼？還缺什麼？並列出「採購清單」；八月的時候（最遲九月）就要為秋冬的衣服做規劃。妳不需要一次想齊，妳可以先將想到的列在「採購清單」上；過兩天再審視，添加必要的上去；如此應該不會超過三次，妳的衣櫥規劃就能為接下來的六個月準備就緒。

「採購清單」的單品除了幫落單的單品找伴侶之外，妳還需要增加的有：

- 每次在某種場合或情境都找不到衣服穿的衣服。

- 買進這一件，就可以讓妳衣櫥多好多（而不是只有一件）配法的衣服。

- 可以替代妳常穿、卻已經快變形的衣服。

- 此半年即將發生的節慶、特殊場合需求的衣服，如參加重要婚宴、聚會、會議、聖誕節……等。

- 本季流行、能為妳帶來新意的衣服。

- 妳夢寐以求的衣服。

Perfect Image Q & A

Q：如何寫「採購清單」？

A：這是我們學院【衣拍即合】的衣櫥整理課程，提供給學員的「採購清單」，大家不妨按此表填入妳的需求。範例：

採 購 清 單				年　　月　　日
需要服飾	**款式說明**	**預算**	**需求備註**	**預計採買時間**
長袖襯衫	白底藍條紋	2500元	1.搭配藍色套裝 2.簡報上台用	□緩 □可 ■急 ※本週務必買到
				□緩 □可 □急
				□緩 □可 □急
				□緩 □可 □急
				□緩 □可 □急
				□緩 □可 □急

妳可以更進一步利用「圖片管理」的方式來輔助妳的「採購清單」。像學員Lisa將她衣櫥裡所有的衣服用手機拍照存檔，當她發現有衣服需要採買時，她除了寫下「採購清單」，攜帶「採購清單」，更會參考手機裡的檔案。如此腦中就會很清楚知道新買的衣服是否能和舊衣搭配，並避免買回已經有的、或其它怎麼配也配不起來的服飾了。

讓衣櫥成為妳的美麗聖殿

我的美國好朋友Linda的衣物間（walk-in closet）是專屬她個人的美麗秘境！衣物間的左手邊有一只12呎寬的長櫃放著她的衣服，右手邊坐落著古董椅，與天花板水晶燈互相輝映；衣物間盡頭有扇窗戶，望出去即是電影『西雅圖夜未眠』【Sleepless in Seattle】出現的太空針塔（The Space Needle）以及美麗的海洋，非常浪漫有fu~。

衣物間盡頭向右轉則是一個房中房，大約1.5平方米，放著她所有的首飾。她在"e-bay"買了一個五斗櫃，分層擺放她的戒指、耳環、項鍊、手鐲，讓每一個飾品有自己的家，也感覺得到這些飾品正在等待主人以愉快的心情配戴它們。最讓我感動的是，Linda將祖母、媽媽、阿姨等家族一代代傳承下來的鑽石，重新鑲嵌組成一個項鍊墜子，成為她最愛配戴的首飾。她說，「如果我沒有這麼做，我的首飾盒將只能成為一大堆，我到死都不會戴，甚至被遺忘掉的鑽戒的倉庫。」而現在，我在這條項鍊墜子裡，發現Linda家族之間緊密相連，亙久不變的愛。

雖然我們不一定能跟Linda一樣擁有自己的衣物間，但是我們可以學習她的精神，用心整理我們的衣櫥，讓衣櫥充滿故事令妳喜愛；如此一來妳才會在每次打開它時，得到溫暖與驚喜！

最近我讀了一本書叫【生活不用大】（The Not So Big Life: Making Room for What Really Matters），是美國建築界最具影響力的50位建築師之一的莎拉·蘇珊卡（Sarah Susanka）所寫的。書中主要的觀念在於：當妳每天都生活得很

忙碌時，其實妳該反省的是，妳的生活真的有那麼忙碌嗎？如果妳願意把那些浪費掉的、不該做的、不值得再花時間做的，全部一件件清理掉、放棄掉，妳會發現突然有時間做妳真正喜歡做的事，妳再也不會抱怨自己的生活堆滿了妳不愛的人事物，而這正是生命快樂的秘密與泉源。

衣櫥也一樣！其實妳會發現一個人的整體生命是連結的，當妳能放掉不再適合、不再取悅妳的衣服，那些不再適合、不再取悅妳的雜物、雜事、與感情，也將輕鬆離妳而去。

願我們的衣櫥永保輕盈透澈，每天穿上、並只穿上所愛的衣服，就會有一種生命慶賀的快感。這也是讓女人永保年輕，永保活力的秘訣之一！

衣飾保養得當，保值「傳家寶」

衣服不是買來穿就好，還必須懂得如何照顧它們。像我們學院的講師Linda就非常懂得照顧衣服，她在8年前買的白襯衫到現在還是維持潔白如新的樣貌，讓其它同事們好生羨慕。

特別是越好的服飾越要「常保如新」，可是所謂的「常保如新」並非不穿而讓它像新的，而是透過正確的保養照顧，讓妳的衣服即使一穿再穿，還能擁有新衣服的光彩。更何況在保養衣飾的過程中，也是妳真心感謝它們的時候；若妳相信萬事萬物都有其對應的能量，那麼妳對衣物細心的呵護與感激，它們必定會回報妳更多。

因此聰明美麗的女人們，請依循我所傳授的「衣飾保養法」，一起寶貝我們的衣服吧！

簡單女紅，永絕後患

衣服買回來以後，用同色的線再補強鈕釦，它們就不會在妳最需要形象的時候突然脫落，甚至免除日後找不到一模一樣釦子的麻煩；若妳覺得某件衣服需要加暗釦，也請在買回來後立刻縫上去，這些不需要花太多時間的簡單女紅，能讓妳在臨時需要穿某件衣服出門的時候，給妳足夠的安全感，屆時妳會感謝自己當初沒偷懶。

遵照洗標指示處理

衣服的內面都會鑲縫著洗熨標示，它傳遞著一個重要且貼心的訊息---請依照上面的指示，好好保護這件衣服！可別忽略廠商的這份用心，因為如果沒有遵照洗標來洗滌、熨燙、照顧，可能會對衣料或衣服的結構造成難以彌補的傷害，與其事後懊悔，不如一開始就用對方法來處理。

洗滌頻率要適中

衣服洗滌頻率太高很容易對衣物造成傷害，像是洗衣劑的化學物質、或是搓揉脫水等物理動作，都是衣物品質的殺手。相反地，如果很久才洗一次，衣服上的汗水、污垢等非但不易清除（愈久不洗就愈難洗掉），還有可能產生變色或纖維弱化的現象。另外，價值不菲的大衣、外套，一季送洗兩次就夠了，平常如果發現局部髒污，可以試著做局部的清潔處理；若有異味，把它掛在乾燥的通風處多半都可以去除；若有皺褶，則可以掛在充滿蒸汽的浴室中，讓水氣幫忙除皺（換季收藏前還是要送洗）。

熨燙注意事項

請依照洗熨標示上的指示，將熨斗的溫度調整正確再熨；如果不確定衣服可承受的溫度，可以依照棉麻料高溫，絲和毛料中溫，人工化學纖維低溫的原則。貴重的衣服和有裝飾物的衣服，可以熨燙反面或者在衣服上墊一塊薄布，減低熨壞衣物的風險。另外，髒衣服是絕對不能熨燙的，因為污垢一經高溫會附著得更緊，更難處理。剛熨好的衣服，務必等放涼了、定型了之後再收納。

給衣服一個優質空間

為了不讓衣服提前「香消玉殞」，請給它們一個優質的收納空間---乾淨、乾燥、通風，並且不可以硬讓它們擠在一起，或者像堆積木一樣層層疊疊堆放，否則衣服很容易變形、發霉、發黃，甚至被蛀蟲啃了妳都不知道呢！收納衣服時，能吊掛的就不要摺疊；此外，像皮草、毛衣、燈心絨、天鵝絨等衣物，不要緊臨放在一起，才不會相互沾毛。

避免變形措施

純絲、真假皮質、麂皮等料子的長褲與裙子，在衣夾子與衣服之間要墊一層紙，以免產生難以磨滅的夾痕；重量較重的長洋裝或斜裁布衣服，可以在衣服內的左右腰際處各縫上一條細帶子（很像裙子腰際處的兩條吊掛用細帶），長度是拉直時比上衣稍微短些，以這兩條帶子輔助吊掛，可以幫忙支撐重量、防止變形。

衣物摺痕愈少愈好

有些衣物不適合吊掛，例如很重的綴珠服飾、針織毛衣等，最好能以摺疊方式收藏，並且摺痕要越少越好（在身體處由腰部往上對折一次，再將兩個袖子折進來平放即可）。摺疊的衣物若怕產生皺紋，可以在摺疊時放進薄薄一層棉紙，或將捲筒放在中央折處，將有助於減少皺褶。而像運動服或其它不易皺的衣物，可以將之對折再捲起，不但節省收納空間也容易拿取。

給衣服足夠的休息時間

如果妳特別愛穿某件衣服，建議可以再多買一件同款同色，或同款不同色的兩件輪流穿，給它們足夠的休息時間恢復應有的彈性和衣型。而洗過的衣服，也請盡速吊掛起來或摺疊工整，不要隨意丟放；因為衣服一旦皺了，事後得花更多時間來處理，而過多的熨燙正是讓衣服折損的最大元兇。

遠離化學物質

千萬不要在衣服上面噴灑任何帶有化學物質的液體。當使用香水、面霜、乳液……等，請在它們乾了之後再把衣服穿上。

做好防蟲、防潮措施

只要是高溫高濕的環境都很容易滋生霉菌，所以我習慣一星期為衣櫥做一次除濕，保持衣服和衣櫥的乾燥。如果妳的衣櫥或房間沒有除濕設備，也可以利用市面上很多兼具防蟲、防潮、又有薰香功能的產品，只要撕開包裝就能使用非常方便；或者可以利用報紙吸收濕氣的效果，在衣櫥裡先鋪上一層報紙然後放上一層乾布再放妳的衣服，報紙的油墨味也有驅蟲的效果呢！不過要提醒妳，不管是防潮箱或報紙記得一定要定期更換。

Beauty Mission

幸福女人的10項智慧

很多學員告訴我:【衣Q寶典】不只改變她們的外表,更是一門改變她們的心靈而感受到幸福的課程。而這17年來,我也發現當學員變美麗時,幸福也跟著一起來!幸福的確是每個女人真心想望,除了美麗帶來幸福,許多態度更是幸福的根源與修練;以下是我常跟學員們分享的【幸福女人的10項智慧】,真心送給妳:

幸福女人智慧1. 培養享受小確幸的能力。

比較幸福的女人,是因為她會抓住小幸福;比較不幸福的女人,是因為她在等待大幸福。其實生活中的小幸福無所不在,並且無時無刻地發生在每一個人的身上,在於妳有沒有辦法認出它,進而享受它、感激它。如此,妳就成為幸福,也因而能吸引更多的幸福、並給予幸福。

幸福女人智慧2. 付出愛!但要聰慧並發自內心的歡喜。

女人常為了愛而無止盡的付出,直到精疲力盡。付出是一件美妙的事,可是我希望妳也能傾聽自己的身體與感覺,並尊重內在的聲音;因為內在的妳,也正渴望得到妳的濃情蜜意。所以累了就說累了、想吃什麼就吃什麼、不喜歡就別勉強說喜歡……不用偽裝;一個能真心尊敬自己的人,更能得到對方的尊重與回應。妳會發現:之於感情,當妳能開始傾聽自己,也才可能學會觀察和尊重對方的感受,並將精力直接放在對方會感激的方向上。讓妳的愛成為對方想要的,而不是妳單方面想給的,這種付出才會讓雙方欣喜,並延伸出更多的愛。

幸福女人智慧3. 是妳,而不是任何人,擁有讓自己快樂的鑰匙。

永遠不要說:「都是因為你讓我不快樂……」,這不但是一種推卸責任的說法,也是將決定

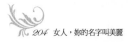

自己快樂與否的權利交到對方身上。有智慧的女人知道：「自己」，才是快樂的泉源！她清楚地了解：沒有妳的同意，沒有人可以讓妳不快樂；當然，沒有妳的同意，也沒有人可以讓妳快樂。所以她會正面、樂觀地看待每一件事，滋養心中快樂的活泉，建立自己的「自愛系統」，成為真正擁有獨立能力的女人---不只是經濟獨立，更是思考、心靈、與快樂的獨立能力。

幸福女人智慧4. 保有妳的嗜好。

保有嗜好讓人充滿歡笑、熱情、活力與驚艷。所以妳過去喜歡做些什麼？瑜珈、逛街、姐妹聚會、社工、電影……？維持它、享受它，這些嗜好正是妳的魅力來源，也是他被妳吸引的原因。千萬不要因為他的一通電話取消妳的計畫，也別為了配合他的步調犧牲妳的嗜好；沒有嗜好的女人就像沒有聲音的唱盤，唱不出生命裡美妙的旋律，妳的美麗與幸福感，將如碎片般一點一滴地消逝。

幸福女人智慧5. 用妳的語言、肢體告訴他：妳需要他！

幸福女人知道「接受」的力量。愛無法圓滿於只有給予，而是給予、接受，給予、接受……的循環成就圓滿的愛意。更何況男人常因為女人「需要他」而強壯起來，這也是為何情場上，嬌弱的女人總是戰勝女強人的原因之一。所以說，有智慧的女人看起來永遠不會「強悍」（即使她內在強壯有擔當）、她的表情不會「冷漠」（即使她的情緒淡定泰然）、也不會萬事搶著自己來（即使她真的可以全部自己做）。允許自己可以不行、可以犯錯；允許自己笨一點、柔軟一點、依賴一點；給對方一句話、一個擁抱、一個眼神、一個微笑，告訴他：妳需要他！

Beauty Mission

幸福女人智慧6. 面子十足，讓男人成為英雄。

希臘諺語：「男人是頭，女人是脖子；脖子往哪兒轉，頭就得往哪去。」所以聰明的女人會溫柔不動聲色地轉動脖子，讓頭隨之自然移轉，而不是硬轉男人的頭，這樣不但扭傷脖子，頭也不舒服。此外幸福的女人知道：在外，他永遠是「頭」，在眾人面前只說他的好，不要數落他的不是；萬一他出糗了怎麼辦？給他台階下？……不，給他雲梯下！如此，他會對妳充滿感激，並且更懂得珍惜妳。

幸福智慧7. 溫柔嬌嗔是女人的魅力基本功。

有人說：柔情似水的女人，是男人最難忘記的情人。就如同一顆堅硬的石頭，也抵不過一泓涓流的穿透，溫柔就是力量。上帝不但造就了女人身體的柔軟，更讓女人擁有一顆溫柔的心；沒了溫柔的心，空有柔軟的身體，也不再是個真女人，所以，千萬不要失去身為女人天生的溫柔魅力！溫柔，讓男人柔軟；嬌嗔，讓男人無法抗拒。有智慧的女人知道如何將堅定化為溫柔的話語，將嚴肅化為嬌嗔的表述。常有人問我：不知如何溫柔嬌嗔怎麼辦？我一律回答：放下身段就會了。

幸福女人智慧8. 信任為男人帶來力量。

有位長輩說：「女人只要每天早上起床抱抱妳的男人，肯定他是全世界最棒的男人，他就會變成全世界最棒的男人。」信任，給予男人力量，讓他全力以赴。所以幸福女人明白，當男人煩惱、心情不好的時候，他需要的不是妳的過度掛心和詢問；「作啞」是最佳良策，放心地去做你自己的事情吧！---看書、購物、聽音樂……都好。妳的男人絕對有能力解決自己的問題，他需要的只是安靜，很快就會與內在的智慧相遇，並回復到原來可愛的自己。

幸福女人智慧9. 不要當他媽媽。

女人在她的男人面前有四種角色：好情人、好朋友、好太太、好媽媽；聰明的女人會讓自己先扮演好戀愛中的女人角色---好情人、好朋友，再以親人的腳色做輔佐---好太太、好媽媽；當順序對了，妳的男人不愛憐妳都難。可惜女人在結婚以後卻常常將角色倒著扮演，一旦順序不對，就成為男人的眷屬，並失去他對妳的愛憐與愛戀，如此女人漸漸缺乏幸福感，最終只剩下抱怨。所以親愛的姊妹們，千萬不要當他媽媽，他已經有媽媽了，不需要再多一個媽媽。永遠、永遠、永遠不要婆婆媽媽，不要萬事交待，不要照顧得巨細靡遺；他不是你的大孩子，他是妳的生命伴侶、靈魂的另一半。

幸福智慧10. 成為生活享受家。

幸福的女人知道：如果妳的男人是工作英雄、生活白紙，妳沒有辦法改變他，妳唯一能做的就是：讓自己享受生活。女人因為懂得享受生活的感性，而釋放出性感的魅力，讓他因此欣賞迷戀妳，進而跟隨妳。所以即使不會煮菜，也要會點菜；即使不會點菜，也要會品菜；即使不會說話，也要懂得欣賞他的幽默與話語。讓你們的相處總是妙語如珠、歡樂輕鬆，蕙質蘭心的女人總是能多得一分疼愛，妳對生活點滴的品味，都會雀躍他、歡喜他。人生，還有什麼比能夠一起享受生活的兩個人更來得有韻味！

後記

承認吧！妳心中的美正「呼之欲出」

知名主持人陶晶瑩說：「這麼多年來，身為一個女人，我一直在想一件事情，上帝給我最好的禮物就是『長得不夠漂亮』！因為如果我很漂亮，我就會停止努力，停止追求夢想，停止去想有什麼讓人看見我的地方。」

好棒的一句話！真正的美來自「內在的力量」，當女人全然瞭解自己、接受自己、並展現自己的時候，就能解放真正的生命、散發真正的魅力。

而且，每一種美，都充滿了祝福。

「長得不夠漂亮」的女人，能獲得3個很棒的祝福：

- 第一個祝福是：每個愛妳的人，是因為妳的內在，而真誠的愛妳。

- 第二個祝福是：謝謝妳的外表不是那麼優秀，所以妳會花更多的努力來追求內在豐富、智慧成長、與實力天賦。

- 第三個祝福是：當妳努力變漂亮時，妳不只是一個漂亮的女人，更是一個充滿智慧的美麗女人。

而「長得漂亮」的女人，也可以獲得3個很棒的祝福：

- 第一個祝福是：自幼就人見人愛，妳擁有很好的起始點，並獲得更多展現的機會。

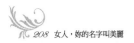

- 第二個祝福是：長大後，能培養轉化漂亮為美麗的智慧。因為妳明瞭：漂亮，取悅眼睛；美麗，觸動心靈。

- 第三個祝福是：當妳具有才華與寬仁時，妳成為女人最好的示範，妳證明予世人：女人的美麗與才華可以並存，靈性與外表可以兼得。

美，就像是一道神奇的魔法。女人只要開始起身、裝扮、盡情展現全然真正的自己，就會自然領導自己成為更好的女人！這17年來，我親眼看到許多女人因為變美而懂得愛自己；因為懂得愛自己而美得更出色、活得更亮麗。這是非常美麗的循環，因為妳看得到自己變美的曙光，所以可以預見更好的自己，也更能夠每一天快樂的裝扮自己、幸福的經營自己。令人驚喜的是，當妳懂得經營自己，妳也開始懂得經營家庭關係、親密關係與事業成就，於是，幸福的女人就愈發幸福。

我很高興我可以把改變百萬人的形象教育觀念帶給妳，讓美浸潤妳的細胞，從心中形成一股成長的力量，讓「美」這件事，從個人擴張到家庭、擴張到社會；讓原來就具存內在美的妳，因為啟動外在美而加速內在美的進化，讓越來越多人投注在「美」這件事，從心靈、從思想、從行動……無限延展。

如果，妳不曾遇見過更好的自己，我相信「現在」正是時候！我期盼，更多人，尤其是女人們，發揮女性獨特的渲染力，站起來，好好為自己美麗一次！

致謝

FEDE
GEORG JENSEN
JAMEI CHEN
J&NINA
MARC BY MARC JACOBS
TOPPY服飾
香港商藍鐘

感謝以上時尚舞台的美麗推手，提供精緻優雅的圖片佐證，僅此致謝。

(各廠商按筆畫順序排列)

衣Q寶典

一生必上一次的魅力課程

perfect image

陳麗卿形象管理學院

美麗，你早已擁有
你需要的只是～全然綻放！

檢測你的魅力色彩
擁有專屬【魅力色卡】，用服裝、配件、髮色讓你亮麗精神

穿出黃金身材比例
了解你的【身材類別】，高矮胖瘦都可以找到最適合的款式

解析個人風格密碼
為你而寫的【風格建言書】，在各種場合展現專屬魅力質感

整體造型搭配祕訣
為你留下【造型前後照片】，持續掌握經典不敗的搭配法則

職場穿著致勝策略
掌握【專業穿著秘訣】，為成功而穿著，為勝利而打扮

建立精簡衣櫥步驟
列出【採購清單】，12件30種穿法成為聰明消費高手

擦亮你的個人品牌
訂定【個人形象策略】，省時省力實現最有魅力的自己

形象調整諮詢教練
專屬於你的【形象顧問】，從此成為一生的形象參謀

 課程簡介

衣Q寶典
女人，妳的名字叫美麗

作　　者／陳麗卿
發 行 人／王秋鴻
美術設計／柯明鳳
繪　　圖／Perfect Image陳麗卿形象管理學院/ 鄒家鈺
文字整理／廖覲栩

出版者／商鼎數位出版有限公司
地　　址／235 新北市中和區中山路三段136巷10弄17號
電　　話／(02)2228-9070　傳真／(02)2228-9076
郵　　撥／第50140536號　商鼎數位出版有限公司
商鼎數位出版：http://www.scbooks.com.tw
網路客服信箱：scbservice@gmail.com
千華網路書店：http://www.chienhua.com.tw/bookstore
網路客服信箱：chienhua@chienhua.com.tw

出版日期：2023年3月24日第一版第五刷

國家圖書館出版品預行編目(CIP)資料

女人，妳的名字叫美麗。／陳麗卿著. --第一版.
　--臺北市：商鼎數位, 2013.01
　　面；　公分. --（陳麗卿PI系列）
　ISBN 978-986-144-107-8（平裝）

　1.衣飾

423　　　　　　　101028093

謝謝我摯愛的工作夥伴們～

感謝商鼎數位出版公司肩負美麗大任，
從企畫、出版、編輯、設計、宣傳、行銷的辛苦擘畫與卓越遠見；

感謝藝術團隊點石成金的創造力---
觀橋潛心文字著墨點滴，
家鈺揮灑圖畫繪形繪神，
KoKo精心編排孵化成書；

感謝我親愛的家人與體貼的學院同事們，
陪伴我、支持我、觸動我、指引我，
讓我得以在美麗、智慧與愛的灌溉下，做這一生最幸福的志業。